KB273952

누가 위대한 병원을 만들었을까

조현 지음

한

누가 위대한 병원을 만들었을까

펴 냄 2011년 3월 15일 1판 1쇄 박음 / 2011년 4월 5일 1판 1쇄 펴냄
지은이 조현
펴낸이 김철종
펴낸곳 (주)한언
        등록번호 제1−128호 / 등록일자 1983. 9. 30
주 소 서울시 마포구 신수동 63−14 구 프라자 6층(우 121−854)
        전화. 02)701−6616(대) / 팩스. 02)701−4449
책임편집 임기양 · 노준승
디자인 정현영 · 양미정 · 백은미 · 하현지 · 김문정
홈페이지 www.haneon.com
이메일 haneon@haneon.com

　　　　· 이 책의 무단전재 및 복제를 금합니다.
　　　　· 잘못 만들어진 책은 구입하신 서점에서 바꾸어 드립니다.

ISBN 978-89-5596-611-4   13320

의술의 위대한 정신을 잠시 잊고 있는 당신에게 환자가 매달리고 있다면,
그것은 의술의 권력 앞에 잠시 무릎을 꿇은 것뿐이다.
위대하고자 했던 과거의 당신으로 빨리 돌아가라.
당신이 바로 위대한 그 사람이다.

"위대한 것은 영원하다"

왜 지금 위대한 병원을 얘기해야 할까요? '위대하다'라는 건 도대체 어떤 의미이며, '위대한 병원'은 어떤 모습을 뜻하는 걸까요?

"위대한 병원은 어떤 병원입니까?"

"대한민국의 위대한 병원은 어느 병원입니까?"

병원에서 일하는 많은 분들께 질문을 던져보았습니다. 아쉬운 일이지만, 어느 누구도 답을 내지 못했습니다. 반면에 찾기가 어려울 것이라고 답하는 분들은 많았지요.

위대한 병원을 추천해달라는 의뢰와 부탁도 해봤습니다. 몇몇 병원이 자가 추천을 하기는 했지만, 썩 마음이 내키지 않았습니다. 좋은 병원임에는 틀림없는데 '위대하다'고 말하기에는 뭔가 부족했던 것이죠. 그래서 질문을 바꿔봤습니다.

"대한민국에 위대한 병원이 있습니까?"

비록 주관적이긴 하지만, 그래도 이 질문에는 비교적 쉽게 답을 낸 분들이 있습니다. 문제라면 그 모든 분들이 한결같이 "없다"라고 답변했다는 것이죠.

위대한 병원은 어딘가에 분명히 있을 것 같은데, 우리 눈에 쉽게 띄지 않는 곳에 있나 봅니다. '위대함'에는 쉽게 표현할 수 없는 '완벽함'의 의미가 숨어있어서 그럴 지도 모릅니다. 그러다보니 저는 마치 병원의 유토피아를 찾는 것 같은 기분이 들었습니다.

하지만 위대한 병원을 계속 찾는 과정에서 작은 희망이 생겼습니다.

첫째, 위대한 병원은 아주 먼 옛날의 역사 속에 이미 있었다는 것입니다. 반드시 위대한 병원의 모습만이 아니라 다른 모습, 즉 바로 '위대한 정신'으로 존재했다는 것이죠.

둘째, 지금은 위대한 병원이 없다 해도 지금부터 만들 수는 있다는 것입니다. 위대하다고 칭송받지는 못해도 좋은 병원이라고 인정받는 모든 병원들에는 강점과 공통점이 있었습니다. 저는 그것을 '성(誠), 신(信), 통(通), 존(尊), 분(分)'이라는 다섯 가지의 요소로 정리해봤습니다.

이것은 단순한 요소가 아니라 덕목이라고 말하는 편이 좋을 것 같습니다. 사람이 가져야 할 것들과 똑같은 요소들이기 때문입니다.

결국 위대한 정신과 함께 이 모든 덕목을 갖춘다면 충분히 위대한 병원이 될 수 있다는 것입니다. 다시 말하자면 이 다섯 가지 요소는 좋은 병원을 넘어 위대한 병원이 되기 위한 필요조건인 셈입니다.

그러므로 이 책을 보면서 꼭 기억해 주었으면 하는 당부 사항이 있습니다.

첫째, 각 장의 주제가 전하는 위대한 메시지 자체를 기억해 주십시오. 모든 내용은 실제 사례입니다. 글이 하나의 이야기처럼 쓰여져, 내용이 허구일거라고 생각하실 수 있습니다. 하지만 병원에서 오래 몸담으신 분이거나 병원 소식에 밝으신 분이라면 '이 이야기는 A병원, 이건 B병원 이야기구나'라고 충분히 생각하실 수 있을 겁니다. 사례를 별도로 구분하지 않고 메시지마다 가장 대표적인 것을 이야기 속으로 끌어들인 것이니 편하게 읽으시고 사례보다는 메시지 자체에 주목해 주시기 바랍니다. 둘째, 책에 나오는 병원을 실제로 추측하지 말기 바랍니다. 책에 담긴 내용들은 어느 한 곳이 아니라 좋은 병원들의 공통점이라고 생각하시면 됩니다.

예를 들어, 좋은 병원이라고 인정받는 병원들의 공통점 중의 하나가 '과잉 진료를 하지 않는다'는 것입니다. 해당하는 병원도 있고 아닌 곳도 있을 것이니 특정 병원에 대입하시지는 말기 바랍니다.

셋째, 메시지와 사례를 보면서 "무슨 이따위 이야기를 하냐?"고 섣불리 단정 짓지 마십시오. 위대한 병원은 "가능하다!" 그리고 "할 수 있다!"라고 믿는 병원만이 이룰 수 있습니다. 불가능하다고 미리 못 박거나 이런저런 핑계만 대는 병원은 결코 이룰 수 없습니다. 도전하고 노력하는 병원을 보며 다시 한 번 생각하시기 바랍니다.

넷째, 자신이 의사가 아니라는 이유만으로 책을 읽기도 전에 덮지 마십시오. 이 책은 의사, 간호사, 병원의 행정 책임자, 물리치료사, 심지어 환자까지… 병원에서 일하거나 병원을 방문하는 모든 이들, 바로 여러분의 이야기를 하고 있기 때문입니다.

이 책은 병원에 관한 책이지 의술에 관한 것이 아닙니다. 그러므로 의술의 요소는 완전히 배제했습니다. 필자의 전문 분야도 아닐 뿐더러 위대한 병원의 조건에서 의술은 너무도 당연한 요소로써, 괜스레 의술의 옳고 그름에 대한 논쟁을 하고 싶지는 않기 때문입니다.

또한 여타의 책과 방대한 자료들을 통해 '위대한 의술'에 관한 이야기는 그동안 많이 들어왔을 것입니다. 그러나 위대한 병원에 대한 이야기는 어떤 지면을 통해서도 볼 수가 없었습니다.

저는 이 책을 통해 존경받는 병원들의 이야기를 공유하여 대한민국의 모든 병원에 위대한 병원이 되고자 하는 동기를 부여하고 발전적인 성장의 기회를 제공하려 합니다.

위대한 병원을 향한 도전은 어렵게만 느껴질 수 있습니다. 그러나 여러분이 가졌던 초심, '위대한 정신'으로 돌아가는 것부터 시작이라는 사실을 명심하십시오. 우선은 그때의 그 마음을 다시 꺼내기만 하면 됩니다. 결국 위대한 병원을 찾을 것이 아니라, 병원의 위대한 정신을 다시 찾는 것이 더 올바른 일입니다. 위대한 것은 영원하기 때문입니다.

CONTENTS

위대한 병원

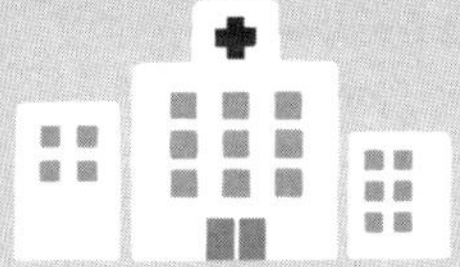

여기는 병원입니다

제가 일하는 곳은 아픈 사람과 건강한 사람이 공존하는 곳이에요. 처음부터 아픈 사람이 오는 곳이긴 해요. 하지만 아프다가 건강한 사람이 되기도 하고 건강하다가 아픈 사람이 되는 곳이기도 합니다.

여기 있는 사람들이요? 기본적으로는 건강한 사람들이죠. 하지만 때로는 침울한 모습을 보입니다. 그러다보니 저도 덩달아 기분이 하루에도 수십 번씩 변하곤 합니다. 즐겁다가 슬프다가, 화도 나고, 의기소침해지기도 하고, 때로는 좁은 방에 콕 박혀 있기도 해요.

그뿐인가요? 심할 땐 책상에 머리를 박기도 해요. 다행히 피가 날 정도로 세게 박는 건 아니지만, 늘 긴장의 연속입니다. 사실 제가 이런 기분 속에서 사는 건 제 주인 때문입니다.

저는 청진기입니다!

소개가 늦었군요. 제 이름은 '진기'입니다. 성은 '청'이고요. 나이는 세 살입니다. 사람 나이로 치면 아마 서른 살 정도로 보시면 될 겁니다. 그러다보니 웬만한 인생살이는 다 겪었습니다. 한두 살까지의 철부지 생활도 조금은 청산했고요. 이 나이쯤 되니 이제 세상을 좀 안다고나 할까요? 인생 선배들이 들으시면 혼나겠지만 말입니다.

나이는 세 살이지만 이곳에 온 지는 겨우 일주일 되었어요. 태어나자마자 지금의 주인을 만났고, 그 주인을 따라 이곳으로 왔죠.

주인은 저를 아주 정성스럽게 대해 줍니다. 가만 보니 제가 첫 청진기는 아니었어요. 하지만 뭐 상관있나요? 어차피 우리 인생살이가 다 만남과 헤어짐이 반복되는 건데요.

주인은 항상 여유 있고 자신감에 찬 모습입니다. 제 입장에서는 완전 풋내기 주인보다야 지금의 주인이 좋아요. 싫을 이유가 없죠. 제 실력을 잘 발휘할 수 있는데다가, 주인 덕에 저를 보고 깍듯하게 대해주는 후배들까지 있으니까요.

전 주인과 늘 함께 하는 지금의 생활에 만족합니다. 주인의 어깨에 걸터앉아 곳곳을 보고 다니며 실력을 발휘해야 하는 순간에는 땀 흘려 최선을 다하는 것에서 보람을 느낍니다. 쉬고 싶을 땐 주인의 주머니에서 잠깐 낮잠을 즐기기도 하죠.

아시다시피 제가 사는 곳은 병원입니다. 많이 바쁜 곳이죠. 직원도 많고 환자도 많아요. 제가 잘 때도 병원은 24시간 돌아가고, 저는 그 모든 이야기를 들을 수 있습니다. 아시잖아요? 제가 하는 일이 '듣는 일'이라는 것을요. 환자의 이야기를 듣기도 하지만 제 주인과 동료들, 동료들의 주인들 등등 그들의 모든 이야기를 들을 수 있습니다.

조금은 다른 병원

의사는 어느 정도 사회성을 지녀야 하는데, 침울한 사람은 건강한 사람이나
아픈 사람 모두에게 다가가기 힘들기 때문이다.
_〈히포크라테스 전집〉 중

평소에는 주인이 책을 읽을 때, 저는 잠을 청합니다. 그때가 쉬기에 좋거든요. 조용하기도 하고요. 그런데 오늘은 미처 잘 수가 없었어요.

항상 그렇듯 오늘도 책상 앞이었습니다. 이상하게도 오늘은 한참이나 책장이 넘어가질 않았어요. 펼쳐진 책을 뚫어지게 쳐다보니 이런 글이 보입니다.

『의사는 어느 정도 사회성을 지녀야 하는데, 침울한 사람

은 건강한 사람이나 아픈 사람 모두에게 다가가기 힘들기 때
문이다.』

그동안 봐왔던 책이나 글의 내용들과는 사뭇 느낌이 다르
게 다가옵니다. 주인이 뚫어지게 보던 글귀를 저도 같이 한참
보다보니까 정말이지 뭔가 한 대 얻어맞은 기분이랄까요?

평소에 주인이 보던 책들과는 좀 달랐어요. 주인이 이런 부
류의 책을 읽지 않은 건 아니었지만 유독 이 문구는 마음에
콕 들어오네요. 책 제목을 보니 《히포크라테스 전집》입니다.
히포크라테스 관련 책도 많이 읽었는데 이 글은 읽은 적이 없
는 건지 기억이 안 나는 건지 모르겠지만, 오늘은 다른 느낌
으로 다가오네요. 아마도 과거의 사건이 떠올라서인가 봅니
다. 전에 있던 병원에서 이곳으로 오기 며칠 전에 있었던 일
입니다.

침울한 사람, 이상한 병원

당시 그 병원에 근무하던 어느 직원의 어머니께서 병을 앓

게 되어 시골에서 올라오시게 됐어요. 자식이 일하는 곳에서 좋은 진료를 받겠다고 왔는데 의사가 직원의 어머니에게 했던 행동이 문제가 되었죠.

긴장하고 있던 상황이었지만 어머니는 의사에게 고마움의 표시로 시골에서 가져온 음식과 각종 채소를 드렸습니다. 그런데 고마움의 표시도 누군가에게는 짜증거리였나 봅니다.

"이걸 누가 먹어? 간호사, 저리로 치워!"

의사는 괜스레 간호사에게 성질을 냈고, 환자인 그 어머니에게는 반말과 훈계조로 화난 듯 말을 했다는군요.

"어이구, 그런 민간요법을 왜 따라 해? 그러니까 무식하다는 소리를 듣지."

어머니를 환자로 모시고 온 직원의 입장에서는 화가 날 수밖에 없었죠. 하지만 정작 의사 앞에서는 화를 내지도 못했습니다. 당사자인 어머니께서, 혹시나 자식이 해고라도 당할까봐 자신은 괜찮다며 그 일을 덮으라고 하신 겁니다. 그러나 그게 덮어지겠습니까?

그 상황을 목격한 직원들의 입을 통해 소문이 나기 시작했고, 물론 제 귀에 첫 번째로 들어오게 되었죠.

그렇다고 당장 분위기가 발칵 뒤집어지지는 않았어요. 직원들이 의사들을 찾아가서 단체 행동을 통해 의견을 표출한 것도 아니었고요. 서로 눈치만 봤기 때문이죠. 그 일로 직원들 사이에서는 난리가 났지만 의사들은 무심하게 대했습니다. 슬그머니 덮으려는 분위기였어요.

그러나 평소와 달리 의사들에 대한 여타 직원들의 협조가 부실해지기 시작하면서 분위기가 이상해졌습니다. 거슬러 올라가 보니 그 의사의 행동이 원인이었던 거죠. 마침 저는 주인과 그곳을 떠나기로 되어 있던 터라 무관심하게 바라봤어요. 사실 그 병원에서 그런 일 정도는 심심찮게 일어났고, 무슨 일이건 간에 무관심이 일상적인 곳이었어요. 지금 생각해 보면 물의를 일으켰던 그 의사가 큰 목소리와는 달리 내면적으로는 침울한 사람이었던 것 같아요.

지금의 병원은 좀 특이해요. 여기 온지 1주일째인데, 아직 전 한 번도 일을 하지 않았어요. 주인은 책을 보거나 강의만 듣고 있어요. 강의를 들을 땐 제가 따라다니지 않기 때문에 무슨 내용인지는 모르겠지만, 어쨌든 병원에서 하라는 프로그램에 참여하고 있죠.

오늘 보는 책도 병원에서 읽으라고 권유한 건가 봐요. 지금 우리 주인은 이 책의 문구에 담긴 깊은 의미를 한참이나 생각하고 있는 모양입니다. 내일부터는 바쁘게 움직여야 하는데 피곤하네요. 저는 좀 더 자면서 생각해볼게요. 역시 우리 주인의 주머니 속은 포근하고 조용해서 좋아요.

위대한 병원을 찾습니다!

우리는 숙련된 기술자가 더 많이 필요한 것이 아니다.
우리에게 필요한 것은 가슴이 따뜻한 리더들이다.
_윌리엄 캐시

오늘 이곳의 모든 사람들에게 똑같은 이메일이 하나 도착했어요.

'위대한 병원을 소개해주세요!'

그야 어렵지 않죠. A병원, B병원, F병원…, 굳이 소개해줄 것이 뭐가 있다고 이런 메일을 보냈는지 이해가 안 되네요. 우리나라 대학병원들은 당연히 포함될 거고, 다른 곳도 신문 기사만 훑어보면 금방 나올 텐데 말이죠.

그런데 회의실에 따라갔더니 다들 예상 밖의 말들을 하고 있더군요.

"A병원은 어때?"

"추천했더니 좀 난감해 하던데?"

"왜?"

"의료 수준으로야 최고지만 다른 부분에서는 그렇지 못하다는 거야. 아주 기본적인 부분이라면서 말이지."

"무슨 말이야? 의료 수준이 최고여야 위대한 병원이지."

"아무리 의료 수준이 높아도 환자를 우습게 보는 병원은 최우선 제외 대상이래."

"뭐? 환자를 우습게 보는 병원이 어디 있다고 그래?"

"그건 우리 생각이고. 은근히 무시하는 것도 우습게 보는 거지, 뭐."

"……."

이런! 저도 미처 생각하지 못했던 부분이었어요. 그때 고민하고 있던 한 의사가 물었어요.

"우리 병원 어때?"

"뭐? 우리 병원이 위대하다고?"

"그래, 등잔 밑이 어둡다고 했잖아. 난 우리 병원 적극 추천!"

주인과 저는 이 대화를 그저 듣고만 있었어요. 여기 온 지 아직 1주일밖에 안 되는 터라 병원에 대해서 잘 모르고 있었는데, 이제부터라도 조금씩 알아간다면 재미있을 것 같아요.

이곳은 찾는 환자들이 많고 적극 추천을 받고 있는 곳이라 의료 수준으로는 인정할 만하니 합격인 것 같습니다. 게다가 주인의 동료가 적극 추천하는 모양새를 보니 아직 제가 모르는 뭔가 있을 것 같아요. 이제부터는 제가 좀 더 바빠질 것 같네요.

관광버스 타고 단체 병문안!

살다보니 이런 일도 일어납니다. 해가 중천에 뜬 시간 즈음 병원 앞에 대형 관광버스 1대가 도착했습니다. 문이 열리고, 내리는 사람들을 보니 족히 40여 명은 되어 보이더군요.

대개는 나이를 좀 드신 어르신들인데 까무잡잡한 피부를 보아하니 시골에서 오신 분들 같았어요. 전 단체로 검진이라도 받으러 오신 줄 알았죠. 그런데 가만히 대화를 엿들어보니 그건 아니었어요.

"야, 바라바라. 여그가 그기가?"

"아따, 맞다 안카나. 얼릉 드가자"

"하이고, 우리 이장님 서울꺼정 와갖고 수술받는 기 얼매나 힘이 드셨겠노. 영산 댁! 아까 갖고 온 떡 좀 니가 단디 챙기라이~."

"걱정 마소. 내가 마 잘 챙겼다 아이가. 병원 직원들 줄 것도 따로 다~ 담아났소."

그렇습니다. 그분들은 모두 병문안을 오신 것이었습니다!

아니, 이럴 수가! 제가 아직 나이가 어린 건가요? 아직 덜 살았단 말입니까? 이런 광경은 난생 처음 봤습니다.

경북 문경의 한 시골 마을에서 올라왔다는 이분들은 동네 수민이 모두 오신 건 아닌지 의문이 들 정도로 인원이 많았습니다. 사연을 듣자하니, 그 마을의 이장님이 우리 병원에서 수술을 받고 입원 중이신데 다들 문안을 오셨다고 하더군요.

제1내과 최고참 선배에게 물어봤더니 솔깃한 사연이 있었어요. 그 이장님은 오래 전 한 대학병원에서 치료하다가 포기한 환자였다고 합니다. 우여곡절 끝에 대학병원에서 지금 이곳, 제가 있는 이 병원이 마지막이다 생각하고 가보라며 소개를 해주어 여기서 수술을 받았다고 하네요.

물론 수술을 받기 전까지는 험난한 여정이 있었다는군요. '된다, 안 된다, 해 달라, 힘들다, 그래도 해 달라, 그럼 한 번 해보자!' 몇 번의 실랑이를 거친 끝에야 수술을 받게 되었답니다. 그러자 마을 사람들은 이장님이 죽다가 살아난 듯 신이 나서 동네잔치를 벌였다고 하네요.

병실 복도에까지 사람들이 늘어서 있고, 온 병원이 시골에서 올라오신 어르신들로 하루 종일 북적댔습니다. 다른 환자들이 시끄럽다고 하소연하기도 했지만, 사연을 듣고는 배려를 해주더군요.

아무튼 대단합니다. 요즘 세상에 이런 병원이 있다는 것도, 이렇게 남 일을 자기 일처럼 기뻐하는 어르신들이 있다는 것도 말이죠. 우리에게는 쉽게 와 닿지 않지만, 오늘은 그 따뜻한 마음을 직접 경험한 날이었습니다.

완벽한 치료가
위대함의 전부는 아니다

당신이 하고 있는 일에 온 정신을 집중하라!
햇빛은 한 초점에 모아질 때만 불꽃을 내는 법입니다.
_알렉산더 그레이엄 벨

오늘 본 신문 기사가 생각이 납니다. 예전 유명 대학병원에서 원장을 지내신 분의 인터뷰 기사였어요. 그분이 얼마 전에 암 수술을 받으셨다는 겁니다. 저 역시 미미하게나마 의료계에 몸을 담고 있으면서도 그 소식을 뒤늦게야 알게 되었네요. 아마도 본인이 쉬쉬하셨겠죠. 고통을 참느라 고생이 많으셨을 것 같습니다.

그분의 인터뷰 글 중에서 이 말이 제일 눈에 띄었어요.

"마취에서 깨어나니 극심한 통증이 폭풍처럼 밀려오는데

의사들은 치료 결과에 더 집중하더군요. 우리의 진료 문화가 질병 치료에 초점이 맞춰져 있다는 것을 깨달았습니다. 저 역시 의사가 된 지 40여 년이 된 지금에서야 말이죠. 환자들은 당장 고통에 괴로워하고, 의사로부터 인간적이고 정신적인 위로를 받고 싶은데 말입니다.”

요즘 한창 제가 우리 병원의 좋은 점을 알아내려고 눈이 빨개져 있잖아요. 그러다보니 이 내용이 가슴에 와 닿았죠. 게다가 위대한 병원이라는 화두가 던져져있는 마당에, 우리 병원에서 눈여겨볼 만한 내용이었고요. 마침 시골 마을 분들의 이장님 병문안 이슈가 있었던 터라 더 관심을 가지게 되었죠.

맞습니다. 제가 봐도 우리는 환자의 병만 봐요. 저만 해도 그래요. 환자 몸에 찰싹 붙어서 몸속에서 나는 소리를 정확하고 신속하게 주인에게 들려주지만, 정작 그 환자의 생각이나 기분은 모르잖아요.

물론 핑계를 댈 수도 있어요. 전 처음부터 그렇게만 하도록 만들어졌고 또 그렇게 지시를 받았다고 말이죠. 하지만 핑계만 대는 건 성숙한 사람, 아니 성숙한 구성원의 자세가 아니라고 봐요. 저도 제 자신을 업그레이드 했어야 해요. 당연한 일이었는데 말이죠.

아, 오늘은 기분이 좀 울적하네요. 저도 자존심 있는 청진기로서 이래서는 안 되었는데 말입니다. 그래도 다른 청진기들과는 달리 주인의 어깨너머로 배울 건 배웠다고 생각했어요. 자신 있었어요. 환자들의 몸속 소리를 어느 누구보다도 잘 듣고 주인에게 잘 전달했어요. 잡음이 나지 않게 내 몸 하나 잘 추스르며 건강관리도 철저히 했고, 주인의 몸에서 떨어지면 다쳐서 최선을 다하지 못할까봐 얼마나 조심했는데요. 하지만 그것만으로는 '성숙하고 위대한 청진기'가 되기에는 역부족이었나 봐요.

아, 그런데 어떻게 하죠? 지금으로서는 제가 어떻게 해야 할시 뾰족한 방법을 모르겠어요. 어디 물어볼 곳도 없고요. 주인이라면 알까요? 우리 병원에서는 '위대한 청진기', 아니 '위대한 병원'의 조건을 찾을 수 있을까요? 하지만 뭐 아직까지는 주인이나 저나 지금 우리 병원을 잘 모르고 있는 것 같아요. 주인의 동료가 우리 병원을 위대한 병원으로 추천한 걸 보면 뭔가 있긴 있는 것 같은데 저도 바쁘다보니 병원의 다른 일에는 관심을 가지기가 좀 어려워요. 아, 이것도 핑계일 뿐인가요?

슬슬 화가 나려고 하네요. 저 혼자서 관심 가진다고 될 일도 아닌 것 같은데 여기에 집착하는 제 모습이 좀 이상하기도 하고요. 하지만 언젠가 읽은 책의 내용대로, 역사적으로 성공했던 사람들은 뭔가에 집착을 했다고 합니다. 그리고 신경정신의학에서도 성취와 집착을 공존하는 것으로 본다고 하니 저의 집착도 무언가 더 나은 것을 위함이 아닐까 싶습니다.

그럼 혹시 위대한 병원도 뭔가에 집착하는 병원이라고 해도 말이 통하는 걸까요? 아니면 집착이 아니라 집중이 맞는 걸까요? 치료에 집착하는 것이 아니라 환자에게 완벽하게 집중하는 것이 위대함의 시작 아닐까요?

오늘은 제가 마치 철학자가 된 기분입니다.

최고의 의술과 최고의 병원

요즘 자꾸 머리가 아픕니다. 제 스스로 던진 질문에 스스로 답해놓고, 이게 맞는 건지 틀린 건지 검증하려 이런저런 상황에 대입해보고 있으니까요.

환자에게 완벽하게 집중하는 것에는 어떤 것들이 있고, 이것으로 충분한지 검증해 보고 있어요. 그러는 중에 한 가지를 더 알게 됐어요. 환자에게 집중하기 위해 최고의 의술을 펼친다면 그곳이 바로 최고의 병원일까요? 최고의 의술로 환자를 치료하고 결과적으로 환자가 아주 만족을 했다고 해서 그 병원을 최고의 병원이라고 자신 있게 말할 수 있을까 하는 점이 마음에 걸립니다.

연일 매스컴에서 우리나라 의술의 우수성에 대해서 알리고 있습니다. 지구촌의 선진국 의사들이 우리의 의술을 배우러 오기도 하고, 외국인들이 우리나라에 치료를 위해서 온다든가 아예 의료관광이라는 이름으로 우리의 의술을 경험하러 오고 있습니다. 그야말로 우리나라의 의술은 이제 세계 최고라고 할 수 있죠. 하지만 최고의 의술이 곧 최고의 병원을 의미할 수는 없습니다. 그래서 더 마음에 걸립니다.

예전에 있던 병원은 의술이 훌륭했습니다. 유명한 의사들이 많았고, 많은 환자들이 중병을 앓으면 꼭 찾아왔죠. 하지만 환자들의 불평불만도 만만치 않았어요.

"내가 치료 때문에 어쩔 수 없이 지금은 가만히 있지만, 퇴원하면 인터넷에서 다 폭로할 거야!"

"참자, 지금은 참자!"

환자들의 크고 작은 불만이 매일 같이 들렸습니다. 어떤 외과의사는 환자들 사이에서 악명이 높았지만 병원에서는 항상 떵떵거리며 큰소리를 쳤어요. 병원의 매출 대부분이 외과에서 나왔거든요. 옛날 옛적 애기 같지만, 불과 1년 전만 해도 제가 지내던 곳에서는 당연한 것이었습니다.

직원들 역시 불만은 많았지만 병원의 명성 때문에 다닌 것이지 결코 좋아서 다니는 건 아니었어요. 방사선과의 왕고참 방사선사인 L은 자식들 보기에라도 좋은 병원, 아니 '좋다고 말하는 병원'에 다니는 아빠의 모습을 보여주고 싶다면서 꾹 참고 다니더라고요. 근무 환경 좋고 사람 좋은 병원으로 옮기면 일하기에 훨씬 좋은데도 결국 보잘것없는 작은 명예 때문에 남아있는 것이었습니다. 질 높은 의술 때문에 서비스가 엉망이어도 꾹 참고 진료를 받았던 환자들, 병원 명성 때문에 근무 환경이 좋지 않아도 참고 다녔던 직원들. 이들이 다닌 병원은 최고였을지는 몰라도, 위대한 곳은 아니었습니다.

최고의 병원, 위대한 병원

여러분에게 여쭙고 싶어요. 우리나라에서 최고의 병원은 어디입니까? 최고의 의술을 가진 병원을 '최고의 병원'이라고 말할 수 있나요? 최고의 병원을 쉽게 말하기 어렵다고 느끼신다면 아마 저와 생각이 같으실 거예요. '좋은 병원'은 저도 말할 수 있을 것 같아요. 하지만 최고의 병원은 말하기 어렵네요. 최고라는 게 늘 변하는 것이기도 하지만 그걸 떠나서 누구나 공감할 수 있는 훌륭한 병원은 쉽게 말하기 어려우니까요.

아무리 의술이 최고라고 인정받는 병원이라도 병원 주차장에서 깁스를 하고 목발 짚은 환자가 주차된 자동차를 밀고 있어야 한다면 그곳을 최고라고 할 수 있을까요? 응급실에서 환자나 보호자가 폭력배 같은 사람에게 멱살을 잡히는 병원이라면 그곳이 최고라고 할 수 있을까요?

최고의 병원이 어렵다면 위대한 병원은 더 어렵겠죠. 위대함이란 함부로 말할 수 있는 게 아닌 것 같아요. 어떤 분야에서 최고라고 인정받았다고 해서 곧 최고의 병원이라고는 할 수 없는 마당에 위대함까지 거론하기에는 부족한 것이 너무 많으니까요.

아, 제가 좀 심각해졌네요. 어쩌면 우리의 의료 현실을 너무 심각하게 생각했나 봅니다. 화제를 좀 돌려야 할 것 같아요.

찾기 힘들겠지만 분명 위대한 병원은 있을 겁니다. 좀 더 정확히 말하자면 위대한 병원을 만들 수는 있을 것 같아요. 제가 이 말을 할 수 있는 근거는 얼마 전 우리 병원의 특별 강좌에서 들었던 한 전문가의 말 때문입니다.

"위대한 병원의 발굴은 아주 좋은 취지이지만, 찾기 쉽지는 않을 겁니다. 하지만 만들 수 있는 방법은 있습니다. 먼저 좋은 병원을 찾고, 그 병원이 어떤 점에서 본받을 만한지 조사해 보는 것부터 시작입니다. 그리고 그런 병원을 될 수 있는 한 많이 알아보고, 공통적인 요소들을 모아보세요. 아마도 그러면 위대한 병원의 필요조건을 알 수 있을 겁니다. 혹시 여러분이 일하시는, 혹은 알고 있는 병원이 이미 그 일을 시작하고 있지는 않은가요?"

Chapter.2

誠 : 들이고 또 들여라!

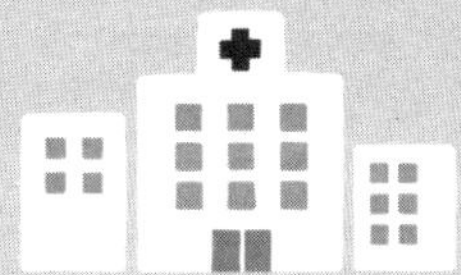

"위대함은 정성을 들인 사람에게 오는 것이지,
의술이란 옷을 입고 멋만 부린 사람에게는 결코 오지 않는다."

혼이 담겨야 한다

오늘을 불태워 내일을 밝혀라.
_엘리자베스 배릿 브라우닝

오랜만입니다. 그동안 새 병원에 적응하느라 좀 바빴어요.
지난번에 관광버스를 전세 내 병문안 오셨던 경북 시골 마
을의 어르신들과 이장님을 기억하세요? 오늘은 병원에서 그
분들과 관련해 보고회가 열렸습니다. 지난 몇 달 동안 병원을
찾은 환자들을 분석한 결과 그중 100여 명이 바로 그 시골 마
을 이장님의 소개로 왔다는 겁니다.

정말 대단해요. 100여 명이라니요? 10명 정도면 그러려니
하겠는데, 100여 명이라니… 정말 놀랐습니다. 그러고보니

저도 가끔 그 시골에서 오신 어르신들을 본 것 같아요. 주인이 진료를 볼 때나 병동으로 회진을 다닐 때 말이죠.

"하이고, 우리 이장님이 마 그때 수술하고 치료받고 벌떡 있어났다 아인교. 동네 잔치를 했제. 여그가 그래 정성스럽게 치료를 한다고 그 집 포항댁하고 아들이 감동을 했다 아이가. 이장님은 말할 것도 없고! 의사 선생님이나 간호사들이 얼매나 정성을 드려서 했는지, 입에 침이 마르도록 칭찬을 했다 아이가. 그래서 마, 나도 여기로 왔제. 보소, 의사 선생님요, 잘 부탁합니더."

"우리 어무이가 멀어도 이리로 오자고 어찌나 성화든지 바로 이리로 왔다 아입니꺼."

"하모 하모. 우리가 이 나이에 어데 병원 한두 군데 다니봤나. 수술이나 치료하고 나믄 그만 아이더나? 그런데 여그는 수술하고도 그리 살갑게 대해주고, 먹는 거며 입는 거며 한 번이라도 더 보살피주고 다 마음으로 챙기주고… 그리 해주는데 그거 못 느낄 사람이 어딨겄노?"

"우리 어무이 잘 부탁합니더."

"수술해서 아파도 좋다카이. 여그서 편안하이 지낼 기구먼. 애비 니는 걱정 말거라."

좀 거칠어도 구수하고 걸쭉한 사투리 때문에 기억이 잘 납니다. 단지 다른 병원이 포기한 환자를 받아서 치료했다는 사실 때문이 아니라, 회복하는 과정에서 의사와 직원들이 보여준 정성스러운 모습에 이장님이 감동을 했다는 겁니다. 가족이나 마을 사람들도 물론이고요. 그 칭찬 한마디를 듣고 사람들이 이 먼 서울까지 왔다는 겁니다. 이장님께 공로상이라도 드려야 할 판입니다.

가족도 감탄한 정성

이곳에서 저에게 참 새로웠던 경험이라면 의사 선생님의 회진이었어요. 이걸 정확하게 회진이라고 해야 할지 간호라고 해야 할지 모를 정도였는데, 매일 같이 병실로 와서 이장님을 챙겨보시고 치료를 직접 하셨다는 겁니다. 그 이장님은 우리 병원에서 한 달 정도를 입원해 있었는데 말입니다. 회진이야 매일 해야 하는 것이 원칙이지만, 사실 요즘은 의사들이 매일 회진을 하는 경우는 드물거든요.

대학병원에서는 선택 진료로 수술을 했음에도 불구하고 늘 하는 일상적 수술이라는 이유로 담당 의사 얼굴도 한 번 못 보고 퇴원하는 일이 수두룩하다지요? 설사 회진이랍시고 환자를 방문한다고 해도 의사가 퇴근길에 잠시 들러서 얼굴 내밀고는 선택 진료에 대한 의무만 살짝 하고 가는 경우도 많이 봤습니다. 대부분 전공의 신분인 의사들이 환자를 챙기죠.

아무튼 저는 이곳에서 제대로 된 회진이 어떤 것인지를 봤습니다. 회진할 때마다 성의껏 치료해주고, 현재 상태를 늘 꼼꼼하게 설명해주시는 모습은 이장님을 감동시킬 만했습니다.

그런 모습은 이장님뿐만 아니라 직원들에게도 많은 의미를 던져줍니다. 검사실 직원들도 환자에게 꼼꼼하고 정성스럽게 설명을 해주지 않을 수가 없지요. 사실은 누구나 당연히 해야 하는 일인데 이런 모습이 낯설게 되다니…, 씁쓸하네요. 병원의 역사를 들여다 보면 옛날에는 징싱스럽세 회신을 하고 진료하는 것이 당연한 일이라고 전해지고 있는데 말입니다.

간호사들의 간호 또한 그냥 지나칠 수 없는 중요한 부분입니다. 의사가 그렇게 성의를 들이니 담당 간호사들 또한 정성을 다합니다. 제가 보기에 자신의 의무에 충실한 모습이 곧 정성으로 나타난 것 같습니다.

갑자기 부끄러운 생각이 들었어요.

'그동안 내 실력이나 내 주인의 신분 그 자체를 정성이라고 착각했던 것은 아닌가' 하고요.

인정하긴 싫지만 그게 사실이었던 것 같아요.

진심을 담아야 한다

오늘 저로서는 다소 뜻밖인 일이 있었어요. 우리 병원에는 1년 동안 병원비를 내는 분이 있었습니다. 1년 동안 수술과 입원을 반복했냐고요? 아닙니다. 10여 년 전에 병원비를 내지 못하고 퇴원했던 분이 1년 전에 병원을 찾아와서 그때 못 낸 돈을 내겠다고 했대요. 그리고 오늘이 바로 그 마지막 병원비를 지불하는 날이었습니다.

전 오늘에야 비로소 알았어요. 10여 년 전에 원장님이 그분의 어려운 형편을 알고는 그냥 퇴원을 시켰다는 것을요. 간혹 몇몇 병원에서 과거에 병원비를 안 내고 사라졌다가 세월이 지나 병원비를 내는 일들이 있긴 했지만, 직접 보는 건 처음이라서 좀 어리둥절하기도 하고, 조금은 뭉클하기도 했어요. 그분의 사연도 특별했고요.

그분은 화상 환자였습니다. 공장 현장에서 일을 하다가 화상을 입어 수술을 받았는데, 형편이 어려운지라 도저히 병원비를 댈 수 없었다는 겁니다. 그렇다고 공장에서 병원비를 대줄 리는 만무했죠. 열악한 공장이 시설이나 좋았겠습니까? 아니면 보험이라도 들어뒀겠습니까? 더군다나 그런 열악한 공장에서 일하는 분이 무슨 경제적 형편이 좋았겠어요?

화상을 입은 후에는 치료와 병원비 감당이 두려워 가족이 자신을 버리기까지 한 상황이라 오갈 데 없는 형편이 되었답니다.

그런데 그때 병원에서 받은 깊은 감동을 도저히 가슴속에서 지울 수가 없었답니다. 온몸에 입은 화상 때문에 아프기는 이를 데 없고 흉측해서 자기 자신도 보기가 어려웠는데, 병원에서 인상 한 번 찌푸리지 않고 자신을 씻어주고 소독하

고 치료하는 모습에 감동을 받았다는 겁니다. 그토록 정성스
럽게 치료를 해주는 모습에 병원비가 없다는 말도 못 하고 전
전긍긍했다고 합니다. 웬만한 병원 같으면 입원 치료기간 동
안에 병원비를 중간 정산이라도 하라고 성화였을 텐데, 우
리 병원에서는 그런 말 한 번 없이 치료에만 전념을 하더라
는 겁니다.

'우리 병원이 치료하지 않으면 어느 누가 이 사람을 돌보
겠는가'라는 생각으로 온 직원이 환자의 치유에 정성을 들였
답니다.

말이 아니라 온몸으로 느낀다

때늦은 치료비를 전해 받으면서 선생님들이 물었습니다.

"우리는 그저 좀 배려해 드렸을 뿐입니다. 그때 그렇게 아
픈 상황에서 감동하실 정성이 뭐가 있었다고 이렇게까지 찾
아오셨습니까?"

"정성을 말로 느끼나요? 손끝에서 느끼는 것 아니겠습니
까? 바보라도 자기를 좋아하는지 싫어하는지, 자기를 대하는

모습이 진심인지 아닌지는 압니다. 악수를 해보세요. 잠깐의 그 느낌만으로도 정성을 느낄 수 있습니다."

병원 식구들은 놀람을 금치 못했습니다. 게다가 1년 동안 조금씩 나누어서 병원비를 갚는다는 것도 정성 그 자체였습니다.

오늘은 서로의 정성과 감동을 나누어 가진 날이었습니다. 누군가에게 감동을 주는 것은 행복한 일 같습니다. 그건 아주 사소하고, 누구나 알고 있는 사실입니다. 그러나 누구나 알고 있는 그 사실을 몸으로 직접 말해주는 것이 진심을 전달하는 방법이라는 것도 다시 한 번 깨닫게 되었습니다. 혼을 담고 정성을 담는다면 그 진심을 환자들이 알아줄 것이고, 오히려 많은 환자들이 믿고 찾는 병원이 되어 전통 있는 역사를 만들어갈 수 있겠죠.

환자들은 잘 알고 있습니다. 병원이 자신에게 얼마나 진심을 담은 마음을 보내는지를….

미션에 충실해야 한다

자신이 올바른 일을 하고 있다는 신념과 확신을 가지고 행동해야 한다.
_빈센트 반 고흐

오늘 저로서는 좀 힘든 일이 있었어요. 그런데도 주인은 그걸 잘 견디더군요.

주인을 따라갔던 병실에서, 내일 수술을 앞둔 환자가 주인을 붙잡고 자기 형편이 어떤지, 그동안 얼마나 아팠고 그 고통을 어떻게 견뎌왔는지를 구구절절 말하는데, 목소리까지 떨렸습니다. 환자한테는 좀 미안하지만, 그 얘기를 듣고 있자니 사실 좀 지겨웠어요. 경미한 환자를 제외한 대부분의 환자들은 저마다 그럴듯한 사연을 가지고 있어요. 놀랄만한 일도 있고, 제가 듣기에는 좀 시시한 일도 있기 마련입니다.

오늘 환자도 마찬가지였어요. 이야기 중간 중간 한숨 섞인 소리와 함께 지난 10년간 고통을 참아왔다고 하소연하기도 하고, 지금 오래 입원할 형편이 아니니 이런저런 치료는 안 된다고 고집을 부리기도 했죠.

"선생님, 10년을 참아왔습니다. 하지만 난 수술을 받을 수 없어요. 다른 방법으로 해줄 수는 없나요? 그리고 퇴원은 빨리 해야 합니다. 병원 치료비를 지불할 돈이 많지 않아요. 보험이 안 되면 곤란합니다."

어쩌고저쩌고….

그런데 주인은 얼굴 한 번 찡그리지 않고, 진지한 표정으로 그 환자의 이야기를 들으며 묻는 말에 알아듣기 쉽게 설명을 해주시더군요. 불합리한 환자의 주장에는 설득도 하면서 조근조근 대화를 이끌어갔어요.

아마 주인이 이런 경우를 보는 건 한두 번이 아닐 겁니다. 족히 수백 번은 봤을 거예요. 말하는 내용도 이 정도는 주인에게는 시시한 이야기일 겁니다. 그런데도 정말 성의껏 응해

주더군요.

생각해보면 우리한테야 시시한 이야기지만 그 환자에게는 일생일대의 중요한 사건입니다. 게다가 형편까지 어렵다고 하니, 주인과 다른 선생님들이 어떻게 해야 할지 고민이 많은 모양입니다. 결국 가장 손쉬운 방법을 포기하고, 환자의 전체적인 형편을 고려한 쪽으로 결론이 났습니다. 이 결론의 목적은 하나였어요.

'의사나 병원이 편한 치료를 해서는 안 된다. 환자에게 좋고 편안한 치료가 이루어져야 한다.'

오늘 일은 병원이나 환자가 모두 만족할 만한 결론으로 끝이 났습니다. 환자와 가족들은 편안하게 잠을 청했을 겁니다.

미션에 대한 열망을 가져야 한다

그동안 병원은 환자에게 가장 좋은 치료법을 행하기 위해 노력해왔습니다. 하지만 환자에게 가장 좋은 치료법이란 최첨단의 치료, 최신의 치료를 말하는 것이 아닙니다. 우리 병원에서 늘 강조하는 것 중 하나가 '고민하고 또 고민하라'입니다.

수술이나 치료방법을 결정할 때 수술이나 질병 그 자체만 보지 말고, 환자의 생활과 주변을 살펴 그 환자에게 가장 적합한 방법을 함께 찾아가자는 것입니다.

이것은 병원이 환자에게 끌려 다녀야 한다는 의미는 아닙니다. 질병만을 본다면 의사가 아니라는 뜻입니다. 환자의 전체를 볼 줄 알아야 한다는거죠.

예를 들어, 무조건 수술을 하면 당장 치료는 될 지도 모르지만 수술 후 환자의 상태 변화로 과거에 하던 다른 일상적인 일을 못하게 된다면 그것은 좋은 방법이 아니라는 겁니다. 그래서 환자의 생활 자체를 살펴야 한다는 거죠. 바로 히포크라테스가 강조했던 이야기들이기도 합니다.

요즘 일부 병원이나 의사들을 보면 진료 매출을 고려한 결정을 내리는 경우가 많이 있어요. 이것은 환자에게 정성을 다했는지 여부뿐만 아니라 환자들이 과연 믿을 수 있는 치료를 받았는지에 대해 생각해보게 만드는 문제예요.

정성은 미션을 향한 위대한 열망 속에서 나온다는 것도 알게 되었습니다. 미션에 대한 열망이 없었다면 정성도 없었을 겁니다. 그리고 다시 한 번 확인했어요.

우리의 일은 'job'이 아니라 'mission'이라는 것을요.

선량해야 한다

선함이 없으면 위대함도 없다.
_얀 마텔 《파이 이야기》 中

선생님, 안녕하셨습니까?

지난번 선생님께 치료받은, 한국호텔 셰프 김성환입니다. 선생님과 병원 직원들에게 감사의 말씀을 꼭 전하고 싶어서 이렇게 펜을 들었습니다. 오늘 써야지 하다가 내일 되고, 내일 써야지 하다가 이렇게 하루하루 지나서, 처음 생각했던 날보다 시간이 너무 많이 가버렸네요.

퇴원 후에 며칠 더 쉬었다가 다시 주방에 복귀해 요리를 하고 있으니 병원 생활이 문득문득 생각났어요. 좀 그리워지기까지 하더군요. 제 농담이 심한가요? 하하.

선생님은 혹시 요리를 좋아하시나요? 요리에 대해서 관심이 있다면 오늘 제 이야기를 더 친근하게 들어주실 것 같습니다.

음식을 만드는 사람은 화가 나거나 마음이 불안정한 상태에서 요리를 하면 안 됩니다. 그런 상태에서 음식을 만들면 음식 맛이 쓰디씁니다. 아무리 실력이 좋아도 요리사는 심성이 나쁜 사람이어서는 안 된다는 게 제 철학입니다.

어머니가 집에서 해주는 밥이 왜 보약인지를 생각해 보면 알 수 있죠. 바로 우리가 '정성'이라고 말하는 것 덕분입니다. 또한 그것은 착한 정성이지요.

어머니는 나쁜 맘을 먹고 음식을 만들지 않습니다. 그리고 가족들은 그것을 믿고 밥을 먹습니다. 어머니가 해주신 집밥을 먹어야 건강해진다는 게 정말 맞는 말입니다.

제아무리 정성을 들인다고 해도 자신의 요리 실력에만 집중하는 사람은 단지 자신에게 정성을 기울일 뿐입니다. 자신의 실력에만 최선을 다하면 된다는, 그런 정성은 필요 없습니다.

요리사는 먹는 사람을 위해서 정성을 들여야 합니다. 그런 면에서 지난 병원 생활은 저에게 참 많은 감동을 주었습니다. 병원에 계시는 한 분 한 분이 어쩜 그렇게 선량하게 치료해주시던지…. 저는 결코 잊지 못할 겁니다. 정말 감사드립니다.

선량하지 못한 사람의 정성은 바른 정성이 아닙니다. 그것은 눈속임이고, 기만입니다.

사람이든 정성이든 선량해야 합니다. 그리고 그중에서도 사람이 먼저, 가장 선량해야 한다는 것입니다.

추신: 함께 보내는 음식 중 하나는 선생님이 드시고, 나머지 하나는 방사선실 직원들에게 전해주십시오. 110kg의 거구인 저를 부축하면서 촬영하느라 고생이 많으셨을 텐데, 인상 한 번 안 찡그리고 친절하게 해주신 점에 대해서 감사의 마음을 전하고 싶어요. 그때 정말 창피했습니다. 살 좀 빼야겠네요. 음식은 대신 전해 주십시오.

_감사의 마음을 담아 김성환 올림

선량한 병원 직원들

오늘은 주인이 이 병원에 온 이후에 처음으로 환자에게서 감사의 편지를 받았어요. 읽다보니 은근히 콧등이 찡해지더군요.

'난 착하게 행동했나? 선량하다고 자신할 수 있을까?'

저도 실력 있는 우리 주인 밑에서 아니, 가슴 앞에서 뻐기고 지낸 것이 사실이라 조금은 반성이 되었어요. 되짚어보니 기분이 좋을 때와 나쁠 때 환자의 소리를 들려주는 마음자세가 좀 달랐던 게 사실이에요. 저도 근본은 선량한 놈인데 말이죠.

스스로 나쁘다고 하는 사람은 아마 없을 겁니다. 하지만 정말 선량한 사람은 남이 그렇게 보는 사람인 것 같아요.

그런 면에서 우리 병원 직원들은 정말 착합니다. 요즘은 착하다는 말이 좀 왜곡되어 사용되기도 하지만, 바른 건 바르게 발해야쇼.

환경이 그렇기 때문인지 예전에는 좀 까칠했던 주인도 여기 와서는 변했어요. 부드러워지고 직원들이나 환자를 대할 때 여유로워졌어요. 친구들 말을 들어보니 우리 병원에서는 순응하지 않고 착하지 않은 사람이 견디지를 못한다고 하네요. 예전 이웃 병원에서는 착한 사람들이 견디지 못하고 병원을 그만두는 경우를 많이 봤는데 말이죠. 그 병원은 중간 관리자가 직원들을 못살게 굴었는데, 성격 나쁜 사람들이 병원 분위기를 좌지우지했어요.

지금 우리 병원에 입사했던 직원들 중에는 간혹 성격이 모난 사람들이 있었습니다. 그렇게 어렵게 심사해서 뽑았는데도 말이죠. 하지만 그 사람들은 결국 오래 근무하지를 못하더군요. 다소 무리하고 불합리한데도 개인적인 이익을 주장하는 것이 공통적인 모습이었고, 병원에서 그것을 수용해주면 거꾸로 병원을 이용하려고 하는 사람들이었어요. 하지만 결국에는 선(善)이 이긴다고 했던가요? 그런 사람들은 못 견디더라고요. 그래서 우리 병원은 30년이라는 오랜 세월 동안 선량한 분위기 속에서 지금까지 역사를 만들어왔나 봅니다. 결국 남게 된 선량한 사람들이 이루어 온 병원인 거죠.

정말 호랑이 담배 피던 시절 이야기 같지만 궁극적으로 사람은 선량해야 합니다. 그렇다고 무조건 '착한 것'이 곧 '선량함'은 아니죠. 옳지 않은 것에 맞서 당당할 수 있고, 정의롭고 바른 마음으로 사람을 대하는 것이 진정한 선량함이라고 생각합니다.

바른 모습으로 드러나야 한다

위인이 되는 것은 위대한 일이나, 그보다 더 위대한 일은
진정한 인간이 되는 것이다.
_W. 로저스

최근 한 달 내내 말쑥한 차림을 한 사람들이 부장님 방과 원장님 방을 들락날락하고 있습니다. 원무부장님과 간호과장님, 검사실 과장님이 늘 함께 다니고 있어요. 그렇잖아도 환자도 많은데 사람들이 더 들락거리니 제가 정신이 없네요. 아직도 사람 많은 병원에 적응이 안 됐나 봅니다.

어떤 사람들인지 궁금해서 기웃거려봤는데, 알고 보니 병원에서 새로운 직원들을 뽑고 있어요. 그런데 한 달 내내 이러고 있으니 보는 저도 애가 타네요.

점심시간에 구내식당에 따라갔더니 거기에서 그 사람들이 직원들과 함께 밥을 먹고 있더군요. 전 의아했습니다. '요즘은 지원자들도 구내식당에서 밥을 먹나? 대규모 지원자도 아니고 면접시간이 오래 걸리는 것도 아닌데…'라는 생각이 든 거지요.

점심을 먹고, 주인은 친구들과 함께 커피 한잔을 마시며 우리 병원에 대해서 수다를 떨었습니다.

"왜 이렇게 오래 걸려?"

"뭐가?"

"외래 간호사 뽑는 거 말이야. 검사실 직원도 그렇고. 지난번에 출산 때문에 병원 그만둔 사람들이 몇 명 있어서 신규를 뽑는데, 너무 오래 걸리는 거 아냐? 내 진료실은 지금 지원 나온 직원이 어시스트를 해주고 있어서 누군가 빨리 좀 왔으면 좋겠는데….'

"하하, 우리 병원에서 둥지 틀려면 그 정도는 각오해야 해. 여긴 급하다고 아무 사람이나 뽑지 않아. 잠깐의 공백은 수간호사가 투입되거나 전문직 아르바이트 사람들을 활용하지."

"왜? 빨리 뽑고 빨리 일하면 될 것을…. 다른 병원에는 인력 부족하다고 그날 면접보고 그날 바로 일하는 경우가 수두룩한데…."

"그러니까 이탈이 많지. 그렇게 뽑힌 사람이 제대로, 오래 일하는 거 봤어?"

"아, 그런가?"

아무나 한 식구로 들이지 않는다

우리 병원, 그렇게 '정성! 정성!' 외치더니 사람 하나 뽑는 데도 온갖 정성을 들이는 모양입니다. 알고 보니 구내식당에서의 점심식사는 면접의 한 과정이라고 하네요.

사실 처음에는 좀 지나치다고 생각했어요. 사람들이 집안에 며느리나 사위를 들이기 전에 밥 먹고 술 마시는 모습을 보고 판단한다는 말은 많이 들었는데, 병원에서도 이러다니요.

하지만 돌이켜 생각해보니 오히려 제가 무지했던 것 같아요. 요즘 일반 회사들은 숙박까지 하면서 사람을 뽑는다는 걸 뉴스에서 본 적이 있어요. 오랜 시간 함께 지켜보면서 자칫

무의식중에 나오는 그 사람의 태도를 통해 본모습을 보는 것이 목적이랍니다. 그래서 우리 병원도 급하다고 해서 아무나 뽑지 않는 모양입니다.

'우리 병원의 이미지에 잘 어울리는 사람!'

'우리 병원의 정신을 잘 이해하고 이어받아 동료나 환자들에게 잘 실천할 사람!'

이런 사람들이 우리 병원 식구가 된다고 해요.

저는 여기서 궁금한 게 생겼어요. 단지 그런 것 외에 더 자세한 조건이 있을 것 같았거든요. 우리 병원과 잘 어울릴 사람이라는 조건은 어느 병원에나 있는 것 아닐까요?

궁금해서 이리저리 물어보니, 우리 병원 인사위원회는 출신 학교나 소위 말하는 스펙보다도 '팀워크를 중시하고 조화로울 수 있는 사람'을 뽑는다고 합니다.

'일은 당장 좀 못해도 가르치고 배우면 된다. 그러나 심성이 나쁜 사람은 안 된다. 먼저 사람이 되어야 한다.'

바른 정성은 바른 사람으로부터 나온다는 신조가 있기 때문입니다.

공부하자, 배우자, 익히자

큰 일이건 작은 일이건 네가 하는 일을 정성껏 하여라.
_도산 안창호

오늘 한 무리의 의료진이 또 미국으로 갔습니다. 의사와 간호사로 구성된, 해외학회 참가자들이었죠. 저도 너무 가고 싶었는데, 이번에는 주인이 학회 참가 대상에 들어가지 못했네요. 물론 전공 분야가 아니라 그렇기는 하지만, 그래도 은근히 끼워주길 바랐죠.

뭐, 이번에는 못 갔지만 얘길 들어보니 내년에 주인의 전공 분야 해외학회 참석이 병원 차원에서 계획되어 있다고 하니 그때는 갈 수 있을 거라고 합니다.

그런데 새로웠던 건 의사가 아닌 사람들의 해외학회 참가였습니다. 전에 있던 곳도 그렇고 대부분의 병원이 의사만 해외학회를 가거나 대학병원 정도 되어야 간호사도 참가하곤 했죠. 일반 병원에서 간호사까지 해외학회를 간다는 건 드문 일입니다.

하지만 이것이 지금 우리 병원의 교육 방침입니다. 직원들에게 정말 공부를 많이 시킨다고 말하는 게 옳을 겁니다. 경영대학원에 진학을 한다거나 간호조무사가 정식 간호사가 되기 위해 공부한다거나 의사가 자원해서 학회에 참석하는 것처럼 필요에 의해 개인이 하는 공부를 제외해도 말이죠. 병원에서 '우리 사람'을 만들기 위해 교육에 정성을 쏟아 붓습니다.

그건 이 병원에 처음 왔을 때부터 느낌이 오긴 했죠. 주인이 입사를 하고도 며칠 동안 진료는 안 하고 교육만 받는 것을 보고, 그때 이미 다르다는 것을 느꼈거든요. 모르긴 몰라도 주인이 첫 입문 교육을 받을 때 병원 이름을 수천 번도 더 불렀을 겁니다. '에휴, 내 이름을 그렇게 좀 불러봐라. 내가 몸을 바쳐 일할 테니'라고 말하고 싶을 지경이었어요. 콩깍지가 씌

었던 첫사랑 이름도 그렇게 많이 부르지는 않았을 겁니다.

아무튼 그 외에도 직원 교육에 아주 많은 시간을 할애합니다. 풍부하고 우수한 교육을 통해 공부하는 병원 문화를 만들고 있는 것입니다.

저 역시, 훌륭한 직원 양성에 정성을 다하는 모습을 보며 '나도 열심히 해야겠다'고 마음을 다잡게 됐습니다.

정성껏 배우고 정성으로 행하자

하지만 정작 제가 '옳다구나!'라고 무릎을 쳤던 건 생각지도 못했던, 전혀 다른 일 때문이었습니다.

일주일 전, 그러니까 지난달 말이었습니다. 점심시간이 끝나갈 무렵 구내식당에 빈자리가 생기자 직원들이 하나둘씩 다시 모여 앉았습니다. 점심시간을 이용해서 뭐 토의라도 하는 줄 알았죠. 그런데 그 구성이 좀 야릇했어요. 간호팀, 영상의학팀, 검사팀, 원무팀 심지어 환경위생팀, 시설팀, 주방조리팀 등 각 부서에서 일하는 직원들이 섞여 있었어요.

잠시 후 교육팀에서 나온 직원이 종이를 한 장씩 돌리더니 이내 시작된 것은 바로 '시험'이었습니다. 그런 건 학교 졸업하면서 끝난 줄 알았는데….

시험은 약 10분 만에 끝이 났습니다. 어떤 시험이었는지 상상이 가세요?

제가 훔쳐본 시험지에는 이런 문제들이 적혀 있었습니다.

1. 지방에서 올라온 환자가 전화로 병원 위치를 물어봅니다. 어떻게 안내할지 서술하세요.

2. 구급차 기사가 거동이 불편한 검진 환자를 모시고 오는데 세 곳을 들러야 합니다. 당신이 스케줄 조정자이며, 빠른 시간 안에 병원에 도착해야 합니다. 가장 효율적인 이동 경로를 다음의 지명을 토대로 설명하세요.

3. 최근 한 달 전, 우리 병원에 새로 도입된 치료기술이 있습니다. 무엇인지 쓰세요. 그리고 환자가 이 치료기술에 대해 문의를 해왔는데, 낭신은 그 치료기술을 모르고 있었습니다. 이럴 때 어떻게 해야 할지 서술하세요.

이런 문제들이었는데, 총 10문제 중에 3개밖에 못 봤습니다. 주인이 식사 후에 나가면서 잠시 쳐다보기에 그 틈을 타 훔쳐본 것이었거든요.

비록 3개밖에 보지 못했지만 어떤 것인지 바로 알 수 있었습니다. 그건 외부의 누가 물어도 한 목소리를 내야 한다는 취지 아래, 병원 기본 사항과 다양한 상황에서의 문제 해결 능력을 알아보는 시험이었던 겁니다. 전 직원에게 해당되는 문제도 있고, 직군별로 해당하는 문제도 있었습니다. 또한 쉬운 문제도 있고, 생각할 문제도 있었죠.

직원 평가에 반영되는 건 아니라고 하니, 아마도 병원 경영에 대해 중요한 것들은 공감하자는 취지의 시험인 것 같습니다.

한데 다른 직원들은 그렇다 쳐도 병원 주방의 직원들이나 미화담당 직원들까지 함께하는 모습은 처음 보는 것이었습니다. 제가 병원 경영에 대한 전문가가 아니다 보니 그동안 이런 아이디어를 생각해낼 수는 없었죠.

하지만 지금은 이것이 모범답안이라고 생각합니다. 병원

경영과 운영에 있어서 누구는 참여하고 누구는 빠지는 일이 없어야 한다는 것이죠.

환자에게 정성을 들이는 데 있어서, 제외해도 되는 사람은 없습니다. 또한 누구나 정성을 들임에 있어 공감하고 노력한다는 의도가 담긴 것입니다.

시간에 정성을 들여라

위대함과 안락함, 둘 다를 얻을 수는 없다.
_제임스 M. 베리

저녁에 주인을 따라 외출할 일이 생겼습니다. 평상시 주인이 퇴근하면 저는 진료실에서 밤을 보냅니다만, 오늘은 함께 나가게 되었습니다. 주인이 실수로 저를 가방에 넣었기 때문입니다. 저야 물론 고맙죠.

주인의 학교 동기 모임이 있었는데 각각 대학병원에 있는 사람, 종합병원에 있는 사람, 개원을 한 사람 등 다양합니다.

사실 주인의 동기들 사이에서는 개원한 친구에게 궁금한 게 많습니다. 개인 성향에 따라서 의대 교수나 페이 닥터(pay-doctor, 월급제 의사)가 적합한 사람도 있지만, 아무래도 개원을 해서 자기만의 병원을 키우고 싶은 소망을 누구나 갖고 있기 때문이죠. 그래서 먼저 개원한 친구들의 경험담을 듣는 것이 아주 중요한 정보 수집 방법 중 하나입니다.

오늘은 대선배 한 분이 초청되어 오셔서 뭔가 중요한 말씀을 해주실 모양입니다. 저도 자못 기대가 되었어요.

선배님은 나이가 지긋하신, 스스로 만든 병원을 크게 일으킨 분이었습니다. 후배들에게는 선망의 대상일 수밖에 없죠.

그런 선배님이 후배들에게 강조한 것은 '시간과 세월의 힘'이었습니다. 완벽한 병원의 모습을 갖추려 성급하게 굴지 말고, 제자리에서 그저 꾸준히 열심히 일하면 된다는 것이었습니다.

후배들이 듣기에는 참 답답한 말이기도 하죠. 뭔가 경험에서 우러난 구체적인 팁과 생생한 이야기를 바랐는데 말입니다. 특별할 것 없이 어쩜 그리도 누구나 할 수 있는 말을 해주는지….

하지만 사실 '시간과 정성의 힘'에 바로 '인생과 의술의 지혜'가 있다고 봅니다. 어쩌면 단순하게 들릴 선배님의 말 속에 꼭 알아야 할 핵심이 들어 있었습니다.

"여러분, 병원 경영에 너무 욕심내지 마세요. 욕심이 화를 부릅니다. 현재 여러분의 자리에서 우직하게 진료할 수 있다면, 그것부터 시작하세요. 사회에 나오면 최소한 1년 이상을 그저 환자에게만 몰두하세요. 1년도 안 되어서 병원이 잘 된다 안 된다 판단하면서 걱정하지 말고, 그저 우직하게 기다리세요. 자격증으로만 인정받으려 하지 말고, 많은 임상 경험을 쌓아서 진정 스스로가 '내가 의사가 맞구나'라는 생각이 드는 시점이 오기를 기다리세요. 여러분들은 선배들이 고리타분하다고 말할지 모르지만, 그 선배들의 내공이 얼마나 대단한지 여러분이 그 나이가 되어보면 알게 될 거예요. 자기 병원 경영하면서 섣불리 승부를 보려고 하지 마세요. 성공은 정성을 들인 사람에게 오는 것이지, 의술이란 옷을 입고 멋만 부린 사람에게는 결코 오지 않습니다."

우공이산(愚公移山)

우공이산(愚公移山).

우직한 사람이 산을 움직인다는 말이죠. 젊은 의사들이 그저 빨리 멋진 병원을 만들어보려고 의술의 바탕이 탄탄하지도 않은데 명의(名醫)라도 된 듯한 착각으로 환자를 대한다든지, 큰 병원의 원장이라도 된 것처럼 병원 경영을 방만하게 하는 것이 대선배가 보기에는 전혀 바람직하게 보이지 않았던 모양입니다. 그날 선배님은 의사로서 날카로움과 우직함이 모두 필요하다고 말했습니다.

하긴, 저도 의사들 사이에 있으면서 가끔 이런 말을 들은 적이 있어요.

"난 의대 시절에 내가 의사인 줄 알았지. 그런데 정작 의사가 되어보니 전문의 자격 없이는 환자들이 찾아주지도 않더군. 나중에 전문의 자격으로 진료를 해봤지만 환자들은 내가 좀 못미덥다 싶으년 결국 옆 병원의 60대 의사한테 가버리더라고. 그렇게 수없이 깨지면서 시간이 지나면 내가 진정 의사가 되어가는 날을 일부러 손꼽아 보지 않더라도, 어느 순간인가 돌아보면 그때 내가 그 자리에 있더군."

30여 년이 넘은 지금의 우리 병원도 처음부터 큰 병원은 아니었다죠. 개인병원에서 시작해 선대 원장님이 정성을 들여 키운 것이 결국 지금의 모습이 되었으니, 시간과 정성의 힘은 함께 하는 것 같습니다.

초대 원장님이 너무 일찍 은퇴를 하시는 바람에 그 역사를 육성으로 들을 수는 없지만, 우리는 병원 곳곳에서 그걸 직접 보고 또 겪고 있습니다. 왜냐하면 유행처럼 겉멋으로 시간만 보낸 것이 아니라, 병원에 좋은 풍토를 심어 지금껏 이어져 오면서 전통이 되어버린 것들이기 때문이죠. 집집마다 가풍이 있듯이 우리 병원에도 고유의 문화와 전통이 있는 것입니다.

그중 하나가 바로 '정성'입니다. 성급하게 성공을 이루려고 하다가는 자칫 모르고 지나치거나 가볍게 생각해버리기 쉽지만 아주 중요한 '소박한 마음', 그게 바로 정성입니다. 환자들에 대한 정성, 병원 사람들에 대한 정성, 시간과 세월에 대한 정성 등…. 이 많은 정성들이 현재까지 우리 병원을 지탱해온 든든한 버팀목 중의 하나입니다.

손님이 집에 오면 정성껏 밥을 지으시는 어머니처럼 환자가 찾아왔을 때 정성을 다해 돌보는 것이 바로 병원의 기본입니다.

그런데 기본 중의 기본인 정성이 왜 이렇게 아주 큰 덕목인 것처럼 되어버린 걸까요? 누가 그러더군요. 병원이 점점 '의료기술 전문 기업'이 되어간다고요.

중요한 것은 기술에 대한 정성이 아니라 사람에 대한 정성입니다. 또한 그 정성이 사람들에게 올바르게 전달되어야 합니다.

Chapter.3

信 : 보여줘라!

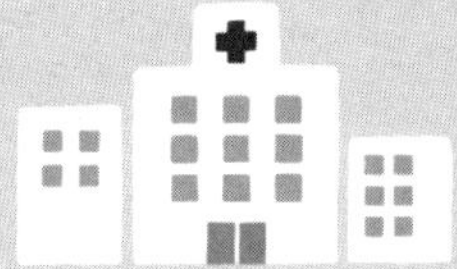

"최적의 의술로 정직하게 다가가야 나를 믿을 것이다."

정직한 마음으로부터

"여기 병원비가 싸다면서요?"

"네, 그렇대요."

"참 희한하네요. 그렇다고 뭐 여기가 작은 병원도 아니고, 똑같은 병 때문에 치료받는데 무턱대고 병원비가 쌀 수는 없잖아요?"

"글쎄요. 난 이 병원 다니면서 그런 거 일일이 따져보지는 않았지만, 사람들이 병원비가 다른 곳보다 싸다고 하긴 해요. 나도 다른 병원 다닐 때보다 좀 적게 낸 것 같고요."

오늘은 병원비 때문에 술렁이는 아주머니 환자 두 분을 보게 되었어요. 우리 병원의 병원비가 비교적 싸다고 합니다.

'음…, 우리 병원이 시설이 안 좋거나 직원들 월급 착취하는 것도 아니고…. 그렇다고 싸구려 약제나 기구를 사용하는 것도 아닌데 왜지?'

전에 있던 병원에서는 늘 들리던 얘기가 "왜 이렇게 병원비가 비싸? 이거 너무 비싼 거 아냐?"라는 말들이었거든요.

하도 궁금해서 원무과 자동 수납기에게 물어봤어요.

"너 병원비 잘 계산하고 있는 거야? 똑바로 해!"

"무슨 소리야?"

"환자들이 병원비가 싸다고 그러던데, 뭐 빠뜨리고 잘못 계산한 거 아냐?"

"야, 의심할 걸 의심해라. 내가 누군데 잘못 계산하겠어?"

머쓱해진 저는 미안한 마음에 딴청을 부리며 물어봤어요.

"그런데 왜 그런 말들이 자꾸 나오시?"

"그건 검사실이나 영상의학과에 물어봐. 그게 더 정확할 테니까."

"왜?"

"내가 이 컴퓨터 두뇌로 분석해본 바에 의하면, 우리 병원 오더 비율이 다른 병원에 비해서 50%도 안 돼."

"그래? 치료를 너무 대충하는 거 아냐?"

"무슨 말씀을! 불필요한 검사를 하지 않을 뿐이야!"

"아, 그런가?"

그 뒤로도 무슨 말을 더 하긴 했지만, 저는 다른 생각에 잘 듣지 못했어요. 의심한 것도 그렇고, 말을 흘려들은 것도 그렇고, 오늘은 여러모로 자동 수납기에게 미안한 하루네요.

정직한 의술을 신뢰한다

"의사 선생님, 정말 엑스레이만 찍어도 되는 건가요? 저는 여기가 계속 아프거든요. 다른 검사도 해봐야 하지 않을까요?"

"아닙니다. 우선은 엑스레이만으로도 충분히 확인해볼 수 있습니다. 치료를 하고 예후를 봐가면서, 다른 조치가 필요하다면 그때 해도 됩니다. 그러니까 오늘은 엑스레이만 찍도록 합시다.”

오늘 주인이 환자와 검사 문제를 두고 다소 옥신각신하고 있네요. 요즘 주인이 좀 변한 것 같아요. 예전 병원에서는 조금이라도 의심이 된다 싶으면 많은 검사들을 시행했거든요. 그런데 오늘은 왠지 소심해 보이더군요.

‘검사하는데 왜 몸을 사리는 거지?’

사람이 갑자기 변하니까 걱정이 되네요. 그런데 환자가 진료실을 나간 후에 주인이 혼잣말을 합니다.

“하하, 나도 이제 좀 임상 경험이 쌓인 건가? 뭐 그다지 많은 검사를 하지 않아도 될 것 같다는 생각이 드네. 사실 그것보다야 원장님 말씀대로 불필요한 검사를 미리 할 필요는 없겠지. 경과 봐가면서 해야겠다.”

아, 그렇습니다. 주인은 ‘소심’한 게 아니라 ‘조심’한 겁니다.

사실 예전 병원에서는 원장이 과잉 진료를 은근히 종용했어요. 그래서 환자들의 병원비 부담이 커졌지만, 병원이 위낙 잘되다보니 별 문제없이 그냥 지나갔어요. 전문 분야를 다루는데다가 치료 결과도 좋은 편이었고, 완치율이 높았거든요.

그러니까 환자들도 별로 문제 삼지 않았고, 오히려 잘 치료하고 수술 잘한다며 소문이 났었죠.

그런데 이곳은 그렇게 안 해도 환자들이 많이 찾아와요. 오랜 세월동안 노력한 결실인 것 같아요.

위대한 병원이 훌륭한 의술을 지녀야 하는 것은 당연하다고 봐요. 의술이야말로 병원의 본질이고 본연의 모습이니까요.

그러나 최고의 의술을 지녔어도 정직하지 못하다면 진정 최고가 아니고 위대하지도 않죠. 환자에게 '최적의 의술'로 정직하게 다가가야 비로소 훌륭하고 위대한 의술로서 인정과 신뢰를 받는 것이 아닐까 생각해봤습니다.

눈을 감지 않는 병원

삶이란 어떤 일이 생기느냐가 아니라, 어떤 태도를 취하느냐에 따라 결정된다.
_존 호머 밀스

우리 병원이 30여 년 되었다고 하면, 환자들이 다 낡아빠진 의자에 앉아 치료받고 삐걱대는 침대에 누워 끙끙거리고 있을 거라고 생각하는 분들이 간혹 있더군요. 물론 개중에 삐걱거리는 침대도 있긴 하지만….

제가 퀴즈를 하나 낼 테니까 맞춰보세요.

병실 벽지가 더럽고 페인트칠이 벗겨진 병원이 있습니다. 이 병원은 잘되는 병원일까요? 아니면 안되는 병원일까요?

정답은 '둘 다' 입니다.

안되는 병원은 돈이 없어서 못 고칩니다. 반면에 잘되는 병원은 고칠 시간이 없어서 못 고친다고 하죠. 물론 둘 다 핑계겠죠? 그냥 넌센스 퀴즈였습니다.

바빠서 못 하고 돈이 없어서 못 한다고 말하면 그건 마음먹기에 달린 거라고 충고를 하죠. 맞습니다. 마음만 있다면 가능합니다. 대학병원도 아닌 우리 병원이 30여 년 동안 어떻게 지금까지도 사랑과 존경을 받고 있는 건지, 저는 계속 탐색 중입니다. 그리고 그 답 중의 하나가 '청년정신'이라는 것을 알았습니다. 나이가 든 병원이지만 본질은 전혀 늙지 않았죠.

응급실을 열어두는 건 물론이고, 수술도 24시간 합니다. 미리 계획된 환자를 한밤중에 수술하는 것이 아니라, 밤에도 응급수술을 하기 때문입니다. 3교대 근무를 원칙적으로 고집하지 않고, 그날 환자 치료가 다 끝나야 집에 간다는 자세입니다.

눈을 감지 않는 병원이라는 겁니다.

그 '눈을 감지 않는 현장'에 병원의 중견 선배들이 자리를 지킵니다. 응급실 당직은 신참이 아니라 오히려 고참을 중심으로 합니다. 원장님이 젊었을 때는 본인이 응급실 당직을 도맡아 하셨다고 해요. 당연히 야간 응급수술도 원장님의 몫이었답니다. 지난번 신종 인플루엔자로 온 세상이 떠들썩했을 때도 응급실 당직을 원장님이 맡으셨어요. '낮에는 넘치는 환자들로 다른 직원들이 혹사당하니 야간 응급실은 내가 책임지겠다'라고 하셨다는군요.

입사 날짜로 따지면 신참이던 제 주인도 동참을 하겠다고 자처를 했습니다. 덕분에 저도 자다 깨다 하면서 주인 곁에서 응급실을 지켰습니다.

청년정신, 늙지 않는 병원

우리 병원은 늘 활기가 넘칩니다. 특히 도전하는 걸 즐기죠. 전 이걸 청년정신이라고 봅니다. 일을 할 때는 의사든 직원이든 조금은 업(up)된 상태에서 일을 하고 있다는 느낌이 들어요. 긴장 상태라는 게 아니라, 왠지 출근하면 즐거운 일이 기다리고 있기라도 한 것처럼 느껴져요.

그리고 직원들이 축 처져 있지 않습니다. 밀려드는 환자 때문에 힘들만도 한데, 그것 때문에 우울해 하지도 않고 힘든 걸 환자 앞에서 티를 내 분위기를 흐리지도 않습니다.

그래도 힘이 들면 선배나 직속 상사에게 고민을 털어놓고 같이 해결책을 찾더군요. 직원들에게는 어느새 극복의 정신이 자리 잡고 있다는 걸 알게 되었습니다. 청년들에게 있어서 도전정신이 없다면 살아있어도 살아있는 게 아니고, 좋게 봐줘야 해도 일찍 늙은 것뿐이죠. 청년들은 수많은 시도 속에서 도전하고 실패하면서 인내심을 기르고 또다시 도전하여 어려움을 극복하는 정신을 익힐 것입니다.

우리 병원 직원들에게 바로 그런 정신이 있는 겁니다. 어떻게 그런 정신이 자리 잡게 됐는지 궁금했어요. 그래서 우선 원장님을 비롯한 경영진을 살펴봤습니다. 그랬더니 몇 가지 특징이 보이더군요.

우선, 항상 솔선수범합니다. 힘든 일이라고 다른 사람이나 직원들에게 시키지 않습니다. 책임감이 있는 거죠. 그리고 관리자들은 항상 직원을 격려합니다. 중요한 건 형식적 격려가 아니라 실질적 해결책을 알려주면서 격려한다는 겁니다.

"지금 자네에게 가장 필요한 게 무엇인가?"를 묻고, 직원의 편에 서서 함께 고민합니다.

"힘내. 어쩔 거야? 사회생활이 다 그런 거지"라는 식으로 얼버무리거나, 힘든 일을 무조건 덮으라고만 하지 않습니다. 혼자서만 감당하도록 두지 않고, 어떻게든 도와주려 하죠. 직원들이 "힘들어도 우리 부장님 덕분에 일합니다"라고 할 정도라니까요. 동료들은 힘들다고 퇴사하겠다는 직원에게 "우리가 도와줄 테니 좀 더 함께하자. 우리는 네가 필요해"라는 말로 감동적인 동료애를 보여주더군요.

쉽게 이곳저곳 옮겨 다니는 요즘 세태에서 우리 병원 직원들의 극복정신은 칭찬해줄 만합니다.

여기서 끝이 아닙니다. 우리 병원에는 그 외에도 중요한 하나의 정신이 더 있습니다. 바로 스포츠 정신입니다. 즉, 정정당당한 태도를 가지고 있다는 겁니다. 병원은 환자나 직원들에게 차별을 두시 않습니다. 그리고 그 사실을 아는 우리 직원들은 병원을 신뢰할 수밖에 없는 거죠.

우리 병원의 청년정신, 이만하면 영원히 늙지 않겠죠?

외길,
'한 우물'의 위대한 힘

많은 일을 하는 것은 쉽지만, 한 가지 일을 연속시키는 것은 어렵다.
_벤 존슨

오늘은 단체 견학팀이 우리 병원에 다녀갔습니다. 사실 처음 있는 일은 아니에요. 의사들을 비롯해 병원 컨소시엄팀, 오픈병원팀, 간호팀, 행정팀, 진료지원팀 등 견학을 오는 사람들은 다양합니다. 모두가 우리 병원에 비법이 있다고 생각하며 찾아오는 거죠.

물론 우리 병원에서 하는 답변은 늘 똑같습니다.

"비법 같은 건 없습니다. 오래 하다 보니까 환자들이 많이 찾아오고, 그 환자들을 열심히 진료하려면 실력이 뛰어날 수밖에 없습니다.”

진료나 치료 수준은 물론이고, 최근에는 경영에 대한 노하우를 배우려는 병원들의 벤치마킹 대상이 되고 있습니다.

오늘 방문한 팀은 개인의원에서 전문병원으로 도약을 시도하는 곳의 의사들이었습니다. 본래 인정받던 전문 과목에 새로운 진료 과목 개설이 필요하고, 개인의원에서는 하지 않던 어렵고 복잡한 경영 문제들이 전문병원에는 많이 있게 마련이죠. 그래서 그걸 배우기 위해 우리 병원을 찾아왔어요.

우리 병원의 경영진은 이런 일에 할애하는 시간을 아까워하지 않습니다. 방문한 병원의 CEO에게는 진료 후에 짧은 시간을 내서라도 반드시 중요한 메시지를 전달합니다.

“전문 분야에서 진료의 수준을 높이는 것이 최우선입니다. 그걸 잊으면 안 됩니다. 또한 분수에 맞지 않는 진료나 경영은 하지 마십시오. 병원의 전문성을 더 높일 수 있고 사회에 환원할 수 있는 일이라면 얼마든지 하셔도 좋습니다. 하지만 CEO의 욕심 때문에 겉치레에 신경 쓰는 일을 벌여서는 안 됩니다. 전문 분야에 대한 집중력이 떨어지면 전문병원으로서의 정체성을 잃게 되지요. 혹시 '10년의 법칙'이나 '1만 시간의 법칙'을 들어본 적이 있습니까? 한 분야에 어느 정도 전문성이 생겼다고 인정받으려면 10년이나 1만 시간 정도가 필요하다는 겁니다. 그 전에는 확실히 이룩한 것이 아닙니다. 서두르거나 조급해하지 말고, 차근차근 신뢰를 구축하세요. 그 이후에 다시 10년, 20년이 모여야 진정한 전문성을 가질 수 있는 것입니다."

신뢰는 그저 열심히 한 결과

환자들이 신뢰하는 병원, 다른 병원들로부터 존경받는 병원들의 공통점 중의 하나가 '한 우물을 팠다'는 것임을 얼마 전에야 알게 됐습니다. 또한 그 '한 우물'이라는 개념이 한 가지가 아니라 여러 가지라는 것도 깨닫게 되었어요. 개인의원이나 전문병원은 진료 과목과 의술 등에 대해서 한 우물을 판 경우가 되고, 대학병원이나 종합병원 같은 경우는 국가적 역할이나 사회봉사, 좀 더 나은 의료 환경 구축에 큰 역할을 하고 있다는 점에서 한 우물의 정신을 엿볼 수 있습니다.

처음에는 이걸 깨닫고서도 스스로 이해하기 어려운 점이 있었는데, 이 문제는 발상을 전환해보니 충분히 이해가 되었습니다.

이것도 지금까지 종종 해온 '집중'이라는 말에 해당한다고 볼 수 있습니다. 병원이면 병원과 환자라는 우물을 파야지 다른 곳에다 이 우물 저 우물 파고 있으면 위대함과는 점점 거리가 멀어진다는 것입니다. 왜냐하면 자칫 환자를 기만하는 일이 생길 수 있기 때문입니다. 거기에 '돈'이라는 한 우물만을 판 경우라면 더 그렇겠죠.

역사가 오래된 작은 병원들이 한 우물을 파는 경우가 많지만 종합병원들도 한 가지씩 전문 분야를 강화하는 건 아주 좋은 변화인 것 같아요.

얼마 전 신문 기사를 보니 한 대학병원에서는 그간의 금기를 깨고 완전히 발상을 전환했더군요. 다른 병원에서는 소외되이 외떨어져있는 정신과 병동을, 햇빛이 잘 드는 아래층의 전망 좋은 곳으로 배치해서 환자들의 치유를 강화하고 있다고 합니다.

수십 년, 수백 년간 불문율 같았던 병동(예를 들어 어두침침한 분위기의 정신과 병동)의 배치 원칙을 완전히 깨버렸죠. 마치 환자가 볼모처럼 잡혀 있는 병원들은 이 점에 대해서 반성해야 할 것 같습니다. 그게 바로 '돈 우물'이나 마찬가지니까요.

아무튼 너무 바람직한 변화 같아요. 그 병원은 아마도 '환자'라는 '한 우물'을 계속 팠을 겁니다. '어떻게 하면 더 좋을까? 이렇게 해볼까, 저렇게 해볼까?' 정말 많이 고민했겠죠.

좋은 발상은 진정한 한 우물의 정신에서 나온다고 봅니다. 진정한 한 우물의 정신은 집중하고 있는 목표를 이루기 위한 올바른 선택의 자세고, 그것을 위해 바람직한 변화를 창조하는 것입니다.

주의할 점은 이 한 우물이 외곬으로 빠지면 안 된다는 겁니다. 변화에 대한 의지박약과 무지, 무기력, 우리가 최고라는 착각 등은 올바른 한 우물의 정신이 아닙니다.

오늘의 견학팀인 전문병원 사람들에게 우리 원장님은 이런 마무리 말씀을 해주셨습니다.

"우물은 가장 좋은 것으로 한 개면 충분합니다. 불필요한 것을 욕심내고 또 만들어서 다른 사람 몫까지 차지하지 마세요. 공멸합니다. 그것은 진정한 의료인의 자세가 아닙니다."

실력에 덕을 더하라

높은 덕을 가진 사람은 덕을 베풀더라도 덕이라고 자랑하지 않는다(上德不德).

_노자

오늘은 제게 반가운 손님이 찾아왔어요. 같은 고향에서 태어났다가 각각 주인을 만나 저와는 다른 생활을 하던 친구가 주인을 따라 우리 병원에 왔어요. 그러니까 3년 6개월여 만에 만났네요.

"아, 요즘 힘들어."

"그렇잖아도 안 좋아 보여. 피부가 상했네. 그새 왜 이렇게 까칠해졌어? 어, 벌써 찰과상까지? 일이 너무 힘든 거야?"

"응, 환자도 많고 인간관계도 힘들고…."

"그래? 많이 힘들겠구나."

"병원에서 신입 채용이 안 돼. 경력자도 마찬가지고 말이야. 나 혼자서 죽어라고 환자들 소리를 듣고 있자니 하루 종일 귀가 먹먹하고 팔다리가 잠시라도 쉴 시간이 없어. 어지러워."

"그래…. 뭐라고 위로해줄 말이 없네."

"하지만 중요한 건 그게 아냐. 일은 이겨낼 수 있어. 내가 맡은 역할이니까 해내야지. 난 지금 있는 병원에서만 계속 지내왔으니까 일도 익숙해. 너처럼 중간에 옮긴 게 아니니까 새로 적응해야 하는 스트레스는 없어."

"그런데?"

제게 돌아온 대답은 정말 서글픈 것이었습니다.

"주인이 나를 너무 힘들게 해."

바로 이겁니다. 주인 잘못 만나면 정말 고생이지요. 저는 친구를 위로해야만 했습니다.

"우리 처음 만났을 때 네가 제일 멋있었는데…. 잘 웃고 표정도 밝고 외모도 제일 나았잖아. 근데 오늘 보니 영 표정이 안 좋아. 주인이 어떻게 하는데 그래?"

"아무래도 주인을 잘못 만난 것 같아. 수석 졸업에 수련 과정까지 우수하게 마친 사람이라 처음 만났을 때 너무 좋았어. 이런 주인 만나기 쉽지 않잖아. 그런데 도무지 인간미라곤 없어. 일을 했으면 그에 대한 인정을 해줘야 하잖아. 그게 없으니 나도 보람을 느낄 수 없어. 다른 사람한테는 어떻고? 간호사나 직원들이 미워하는 통에 나까지 호되게 당하고 있어. 어제는 책상 위에서 쉬고 있었는데, 주인 방 간호사가 서류를 내 머리 위에 그대로 내던지는 바람에 이렇게 상처까지 입었잖아. 물론 그때 주인은 없었지. 설사 있었다고 해도 나를 보호해줄 사람은 아니야. 절대로!"

"한마디로 '든 사람'이고 '난 사람'이기도 한데 '된 사람'은 아니라는 거군."

"빙고!"

최고의 신뢰는 덕장에게서 나온다

친구가 다녀가고 나서 마음이 착잡했습니다. 덕이 없는 주인을 만났으니 앞으로 6개월이나 더 버텨낼지 걱정입니다. 책상 서랍 속에서 지내다가 언제 고물상 한쪽에 놓일지 모르겠어요. 그나마 옛정을 생각해서 보존이라도 해준다면 좋을 텐데 말입니다. 실력이 좋은 친구도 덕 없는 주인을 만나면 찌들고 빨리 은퇴하나 봅니다.

친구에게는 미안하지만 그래도 전 썩 괜찮은 주인을 만난 것 같아서 다행이라고 생각해요. 특별히 인간성이 훌륭한 건 아니지만 3년 이상 함께하면서 저를 힘들게 하지 않았고, 다른 사람들과 큰 문제없이 잘 지내는데다가, 특히 사람을 대하는 태도가 따뜻하다는 점을 인정받고 있으니까요. 나머지는 나이가 들어가면서 차차 나아지겠죠.

우리 병원의 다른 사람들을 떠올려보니 주인으로서 괜찮을 것 같은 사람이 몇몇 분 생각납니다. 실력 있고, 품성 훌륭하고, 검소하고… 그러니 믿음직하죠.

그분들의 특징을 보면 비슷해요.

첫째, 겸손합니다. 영국의 시인 T. S. 엘리엇이 '겸손은 모든 덕 중에서 가장 얻기 어려운 것이다. 스스로를 좋게 평가하려는 것보다 더 누르기 어려운 욕구는 없다'고 했죠.

둘째, 기다릴 줄 압니다. 직원들이 일을 좀 못해도 품성을 중시하여 지켜보고 가르칩니다.

셋째, 사람들의 말을 잘 들어줍니다. 고집이나 아집으로 사람을 이끌지 않지요.

넷째, 예의가 바릅니다. 윗사람뿐만 아니라 아랫사람에게도 충분히 예의 있게 대합니다.

다섯째, 검소합니다. 병원 물건을 내 집 물건처럼 아껴 씁니다. 거즈 한 장도 그냥 막 쓰는 법이 없죠. 이 부분에 있어서 다른 사람들은 "너무 짜"라고 하면서도 그 자세를 배울만하다고 칭찬하는, 다소 모순된 모습을 보이지만 나쁜 건 아니겠죠.

저도 인생 좀 살았다 싶어지니 사람 얼굴을 보면 조금 예상은 되더군요. 표정이나 몸짓을 보면 '저 사람은 행복한 사람이구나. 품위가 있구나. 너그러워 보이는구나'라고 생각할 때도 있고, '저 사람은 삶이 힘든가보다. 왠지 찌들어 있네. 마음에 여유가 없구나' 하는 생각이 들기도 합니다. 그러다보니 이제 병원 선후배들을 보면 '저 사람은 덕이 있어 보인다'는 느낌이 들 때가 있어요.

히포크라테스가 그랬죠.

"인생은 짧고 의술은 길다(Life is short, art is long)."

사람뿐만 아니라 병원도 기나긴 의술의 역사 속에서 덕을 겸한다면 위대한 병원이 될 수 있을 것입니다.

모두가 일선 직원이라는 정신

많은 사람들이 당신과 함께 리무진을 타고 싶어한다.
그러나 당신이 원하는 것은 리무진이 고장났을 때 당신과 함께 버스를 탈 사람이다.
_오프라 윈프리

오늘은 오후에 의사 면접이 있었습니다. 주인도 과를 대표하는 의사로서 참석했죠. 말이 면접이고, 이미 추천을 받은 2~3명을 대상으로 이야기를 나눠보고 최종적으로 1명을 결정하기 위해 만나보는 자리였습니다.

후보 의사들은 한 명씩 면접관들과 인터뷰를 했는데, 마지막 질문 순서에 원장님이 이상한 질문을 모든 후보들에게 일일이 하셨어요.

"자네, 구급차 운전할 줄 아나?"

픕! 전 예기치 않은 질문에 웃음이 터졌어요. 제 주인도 뜻밖의 질문에 어리둥절해서 놀라는 눈치인데, 더 놀라운 건 다른 선생님들은 전혀 이상하지 않게 대하는 것이었어요. 마치 당연하다는 듯이….

후보자들이 놀란 것은 당연하겠죠.

"네?"

"구급차 운전할 줄 아냐고 물었네. 운전해본 적 있나?"

"해보지는 않았지만 가능할 것 같습니다."

"그래. 우리 병원에 올 거라면 구급차 운전할 각오는 해야 하네."

"네? 아, 네…. 알겠습니다."

'우리 주인이 면접을 볼 때는 그런 질문은 안했던 것 같은데…, 누군 시키고 누군 안 시키나? 우리 주인은 특별해서 운전에서 제외시켜주나?'

혼자서 오만가지 생가이 다 들디군요.

자네, 구급차 운전할 줄 아나?

의사 면접 며칠 후, 최종 합격자 발표가 나고 해당 의사와 우리 주인 그리고 주인과 함께 입사한 동료 의사 한 분이 원장님과의 미팅에 참석했습니다.

"이번 채용 이전에 있었던 과정에서는 미처 말을 안 했는데, 내가 좀 이상한 질문한 거 기억하세요?"

"네? 무슨 말씀이신지…."

"구급차 운전할 줄 아냐고 물었던 것 말입니다."

"네, 기억합니다."

"우리 병원에서는 의사도 간호사도 직원도 심지어 나도 항상 '내가 일선 직원이다. 말단 직원이다'라는 마음으로 솔선수범하여 일해야 합니다. 구급차 기사가 바빠서 운전을 못 하면 의사인 우리라도 나가서 운전해야 합니다."

"네."

"'난 의사인데' 하면서 직원들에게 시키기만 하고 뒷짐 지고 있는 거, 나는 못 봅니다. 병원은 의사가 주인이 아니라 모두가 주인이고 직원입니다. 그런데 의사들은 마치 다른 나라 사람인양 쳐다보고만 있는 경우가 간혹 있는데, 우리 병원에서는 안 됩니다. 직원들 입장에서 본다면 오히려 주인은 직원들이에요. 의사들이 이직률이 더 높아요. 의사들이야 좋은 자리 나오면 옮기기도 하고 개원해도 되니까 '난 이 병원에 오래 있을 것도 아닌데, 뭐'라는 태도가 있을 수 있는데, 우리 병원에 있는 동안만이라도 그런 생각은 하지 않길 바랍니다."

"네."

"나도 어느 의사보다도 더 많은 시간을 병원에 할애하고 있습니다. 여러분에게 일러만 주고 물러서 있거나 하지는 않으니, 나를 도와서 병원 일에 적극 참여해주시고, 직원들이 존경할 만한 모습을 보여주길 바랍니다. 부탁드리겠어요."

"네, 잘 알겠습니다."

알고 보니 우리 주인이 특별한 경우가 아니고 입사하면서 원장님 인사말도 제대로 듣지 못한 것뿐이군요. 아무튼 오늘이라도 알게 되었으니 준비를 하는 모양이네요.

"우리 원장님, 그럴 만도 하시지. 응급환자들이 많다 보니…."

“꼭 그게 아니라도 병원에서 먹고 자고 하면서 지금의 병원을 만들어 오셨잖아. 처음에는 잘 곳도 없어서 병원 옥상에 텐트 치고 자면서 야간 응급수술을 했다고 하더군.”

“자기 일에 대한 확신과 믿음이 없다면 불가능한 일이겠지?”

“그럼.”

“마치고 구급차 기사실에 갔다 오자.”

“구급차 기사들이 우리가 왜 여태 한 번도 안 들르는지 궁금해 하고 있었겠네.”

“하하, 그러게.”

변화에 대한 의지와
불굴의 정신

위대한 병원의 모습을 찾아보겠다고 나름 마음먹은 후로 제게 변화가 하나 생겼어요. 예전에는 대충 보고 흘려듣던 주변의 모든 것들에 대해서 호기심이 많아지고 사소해 보이는 것에도 관심이 가더군요. 좋은 변화라고 느껴지기는 하지만, 그러자니 머리가 아파요. 이것저것 기억해 두려니 용량이 벅차서 선디기 힘늘어요.

그런 면에서 주인은 참 좋겠어요. 며칠 전부터 작은 수첩을 주머니에 늘 넣고 다니기 시작했거든요. 궁금하거나 좋은 것들이 있으면 꼭 적어두죠. 저렇게 메모하는 건 학생 때나 전공의 시절에 완전히 졸업했다고 생각했는데, 요즘 다시 적기 시작했어요.

"그게 뭔데?"

"어, 아무것도 아냐. 그냥 잊어버릴까봐 적어두려고….'

"천하의 닥터 김이 잊어버릴까봐 메모를 하다니. 그 좋던 머리도 슬슬 어쩔 수 없나보지?"

"놀리지 말고!"

"놀리긴…. 그런데 뭘 적는 거야?"

"지난 주말에 병원협회 세미나에 갔다 왔잖아. 그때 주요 병원의 원장들이 발표하는 내용을 들어보니 요즘 병원들이 우리 시절이랑 많이 달라진 것 같더라고."

"하하, 우리가 얼마나 나이를 먹었다고 '우리 시절'이라고 해?"

"아무튼 병원의 변화가 예전에 비하면 너무 빨라졌어. 좋은 내용들은 좀 접목할 필요가 있을 것 같아."

"그래, 우리도 이제 좀 광범위하게 병원을 바라볼 필요가 있지. 지금까지 환자 치료에만 집중했다면, 이제 리더로서 병원 일에도 좀 신경을 쓸 필요가 있겠어.”

“그래, 그래야지. 자고로 말이야, 대한민국 땅에서 소위 인정받고 성공했다는 병원의 원장들, 이사장들 모습을 면면히 들여다보면 큰 공통점이 하나 있어. 뭔지 알아?”

“그게 뭔데?”

“불굴의 정신이야.”

“오, 그럴듯한데? 거기에 ‘변화에 대한 의지와 갈망’까지 합치면 지금 잘나간다는 병원들의 모습이겠는 걸?”

“그렇지. 과거 병원은 변화와는 거리가 멀었지. 하지만 변화를 받아들이지 않은 병원은 지금 모두 없어져 버렸잖아. 살아남아서 성공한 병원들은 두려움 없이 변화를 받아들였어. 거기에 꼭 해내겠다는, 리더의 불굴의 정신이 있었던 거지. 의술이든 병원경영이든 어느 쪽이든 간에….”

대화를 나누던 주인의 수첩에 또 한 줄의 기록이 생겨나네요.

‘변화에 대한 의지 그리고 불굴의 정신으로….’

미래를 준비한다

오늘은 원장님 주재 하에 간부들의 정기 회의가 열렸습니다.

병원 내 부서 간부뿐 아니라 보직 의사들과 몇몇 관심 있는 의사들도 함께 참석했고, 당연히 우리 주인도 끝자리에 앉았습니다. 요즘 참 열심히 하시더군요.

"여러분, 참석해 주셔서 감사합니다. 오늘은 병원의 치료 전문성 문제와 다른 분야와의 접목에 대해서 얘기를 나눌까 해서, 바쁘실 걸 알면서도 이렇게 소집했습니다. 허심탄회하게, 평소 생각한 것들이 있으면 자유롭게 말씀해 주세요."

"소화기 센터가 불과 한 달 전에 오픈을 했는데, 벌써 다른 걸 생각하고 계신 겁니까? 지금은 안 됩니다. 투자하기 힘듭니다."

"내가 말하는 건 지금 하자는 것이 아닙니다. 향후 10년을 내다봐야 합니다. 우리가 소화기 센터를 하루 이틀 고민하고 만든 게 아니지 않습니까? 단지 병원마다 그게 유행한다고 해서 만든 거라면 우리가 환자들 볼 면목이 없죠."

"아, 네. 죄송합니다. 그런 말씀인줄은 몰랐습니다."

"잘될 때 다음을 준비하라는 말도 있지 않습니까? 우리가 지금의 현실에 안주하면 우리도 언제 환자들로부터 외면당할지 모릅니다. 시대의 흐름을 읽지 않으면 도태됩니다. 이런 것이 무슨 기업체들만 고민할 일은 아닙니다. 환자 치료에 있어서도 미래를 예측하고 준비해야 합니다. 앞으로 10년 후, 환자들에게 어떤 변화가 올 것 같습니까? 10년 후면 평균 수명이 현재보다 다시 10년이 늘어날 겁니다. 그뿐입니까? 실업자가 더 늘어나면 대한민국이 우울증에 빠질 겁니다. 또 현재 출산율 증가 대책으로 병원에서는 어떤 변화를 요구받을 것 같습니까? 우리는 경영을 위한 경영 때문이 아니라 의료인으로서의 소임을 다하기 위해 미래를 준비해야 합니다."

갑자기 회의실 안이 조용해졌습니다. 좋은 병원이라는 우리 병원도 간부님들이 잠깐씩 실수를 할 때가 있네요. 원장님 의중을 바로 읽지 못하고 말이죠.

힌칭 관심을 가지기 시작한 우리 수인도 바빠지겠네요. 제게도 좋은 자극이 된 것 같습니다.

책임이나 소임이라고 하면 현재 시점에서나 똑바로 하면

되는 줄 알았는데, 제 소임을 다하기 위해서 내일을 그리고
내년을 바라봐야겠습니다.

존재의 목표를 일깨워라

위대한 인물에게는 목적이 있고, 평범한 사람들에게는 소망이 있을 뿐이다.
_워싱턴 어빙

며칠 전 간부 회의에서 '병원의 향후 10년, 20년을 준비하라, 변화에 대한 의지를 가져라'라는 정신 무장의 시간을 가졌었죠. 주인도 참석했고요.

그런데 오늘은 또 새로운 특명이 떨어졌습니다. 병원의 '생애 설계'를 만들라는 것이었습니다. 늘 현장에서 차곡차곡 쌓아온 마음의 다짐들을 끄집어내서 가시적인 목표를 만들라는 것입니다. 처음에는 다들, 그것이 흔히 말하는 병원 비전 만들기라고 생각하는 눈치였습니다.

‘이미 있는 비전을 두고 또?’ 하는 분위기가 잠시 돌았습니다. 그러나 특명의 내용은 그런 게 아니었습니다. 비전이 ‘언제, 어떻게, 어떤 위치에서, 어떤 역할을 하겠다’는 경영 목표의 가시적 표현이라면, 이번 생애 설계 특명은 ‘우리 병원이 어떤 마음가짐과 자세로 병원의 정체성을 이루어갈 것인가? 즉, 궁극적으로 존재의 목표를 만들자’라는 것입니다. 물론 비전과 비슷하지만, 약간의 차이가 있습니다. 예를 들어, 존재의 목표라는 것이 ‘향후 10년, 국내 10대 병원의 위치에 오른다’라는 그런 구호는 아니니까 구분이 됩니다.

직원들이 우후죽순 아이디어를 쏟아내었습니다. 완벽한 아이디어는 없다는 소신 아래 누가 아이디어를 내면 거기에 덧붙이고 또 덧붙여서 새롭게 만들려는 시도가 이루어졌습니다.

가장 기본적으로 나온 초안들이 ‘우리 병원의 존재 가치는 환자를 살리는 것이다’라거나, ‘우리 병원은 모든 환자들이 부담 없이 드나들 수 있는 병원이다’ 등이었는데, 조금 다르게 나온 의견들도 보였습니다.

‘우리 병원은 내 가족이 자랑스럽게 여기는 병원이다’와 ‘우리 병원은 정직한 병원이다' 등도 있었고, 좀 쉽게 와 닿은 것 중의 하나가 '우리 병원은 의사가 치료받으러 오는 병원이다'와 '내가 내 부모에게 권하는 병원이다'라는 것이었습니다.

당분간 의견은 계속 나올 것 같습니다. 정해진 기한 없이 아이디어는 계속 받기로 했습니다. 주인의 수첩에도 몇 가지가 그냥 낙서처럼 적혔고, 계속 적히고 있습니다.

그런데 문득 색다른 생각이 들었어요. 병원 존재의 목표를 찾는다는 건 그냥 표면적인 이유고, 어쩌면 직원들이 병원의 존재 의식을 깨닫도록 마련한 프로그램이 아닌가 하는 생각이요. 잘 생각해보니, 이런 과정들을 거치다보면 직원들 마음속에 '아, 그동안 잠시 잊고 있었는데, 우리 병원이 이런 내적인 모습을 가지고 있었구나' 아니면 '우리 병원이 앞으로 이런 모습으로 다듬어져야 하는구나', '이래서 내가 우리 병원을 신뢰하는 거구나' 하는 마음들을 떠올리게 될 것 같습니다.

병원의 존재 가치

병원의 존재 목표와 생애 설계를 계획하라고 했더니 직원들이 하나둘 자신의 존재 목표와 생애 설계를 작성하는, 저로서는 예상치 못한 일이 일어났습니다.

우리 주인의 것을 슬쩍 봤어요. 처음에는 제목만 써두고 내용은 전혀 쓰질 못 하더군요. 며칠이 가도 그 자리에 빈 네모 칸과 물음표가 있을 뿐이었습니다. 그런데 며칠 후에 낙서같이 써둔 게 보이더라고요.

– 병원의 존재 목표

어떤 것이면 근사할까? 국내 상류층이 오는 병원? 해외 상류층이 오는 병원? 국가 원수들이 오는 병원? 에잇, 모르겠다.

– 나의 존재 목표

내 꿈을 위해서?(내 꿈이 뭔데?) 가족을 위해서?(정말이야? 자신을 위해서가 아니고? 좀 더 솔직해져봐) 나와 가족의 행복한 삶을 위해서?(돈 버는 역할?) 가족의 든든한 울타리가 되어주는 존재? 위대한 삶? 위대한 의사?

– 병원의 생애 설계

2015년 국내 5대 병원, 소년소녀가장 전담 병원?(어렵네…)
비대학병원으로서 수련 지정 병원 만들기?

- 나의 생애 설계

　이건 좀 쉽네….

　여러분도 자신의 존재 목표와 생애 설계를 작성해보세요. 쉽진 않을 겁니다.

　저는 더 나아가서 '우리 병원의 존재 가치'를 생각해봐야 하겠습니다. 인근에 있는 한 작은 병원은 한 번도 빠지지 않고 매주 진행하는 의료 봉사 활동으로 존재 가치를 높이고 있는 모양이던데, 우리 병원도 곰곰이 생각해보면 수준 높은 존재 가치가 있습니다.

　아직 제가 확실하게 정의하기는 어렵지만 저에게는 소망이 있습니다. 나중에 '위대한 병원이 되고자 하는 병원들의 귀감이 되는 병원'으로서 그 존재 가치를 확인받았으면 합니다. 제가 그 모습을 조금씩 찾아가고 있는 것 같습니다. 그렇기에 우리 병원의 존재 목표는 '위대한 병원'입니다.

Chapter.4

通 : 열어라!

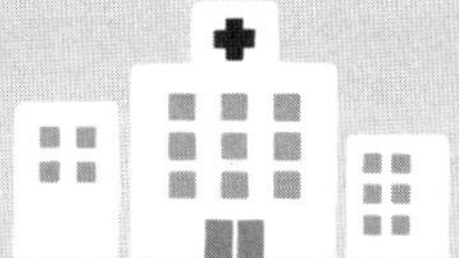

"좋은 의사는 잘 소통하는 의사이지,
잘 배운 의사는 아니다."

믿음이 깔려 있어야 한다

지난 주말에는 병원 가족들과 함께 워크숍을 다녀왔습니다. 워크숍에서 조직개발 게임이라는 것을 했는데, 상대방이 뒤에서 받쳐주면 주인공은 눈을 감고 뒤로 넘어지는 것입니다. 대부분 겁이 나서 맘 놓고 넘어지지 못하더군요. 다들 한참을 웃다보니 이게 웃을 일인지 울 일인지 모르겠더라고요.

그래도 게임에 익숙해지자 사람들은 잘 해냈습니다. 주인공이 눈을 감고 뒤로 넘어지면 뒤에 서있던 3~4명의 같은 과 부서원들이 꽉 잡아주었고, 멋지게 해결해 나갔습니다.

이 게임은 상대방에 대한 믿음이 없으면 못 한다고 하네요. 우리 병원 사람들은 간단한 연습 후에 게임을 모두 잘 마쳤고, 나중에는 부서장들끼리만 하기도 했습니다.

그러니까 처음에는 같은 부서원 전원이 관리자와 함께 했고, 다음은 부서장들끼리 그 다음은 의사들끼리도 했습니다.

정말 깜짝 놀란 건 원장님 차례였어요. 연습 한 번 없이 그냥 넘어지셨어요. 겁이 없어서가 아니었을 겁니다.

하루 일정을 마치고 원장님께서 정리의 말씀을 해주실 때였어요.

"나는 여러분들을 한 번도 의심해보지 않았습니다. 나를 잡아주지 않고 일부러 놓쳐버릴 거라고도 생각하지 않았어요. 여러분들이 꼭 잡아줄 거라고 믿었습니다."

이런 말씀을 하셔서 분위기가 갑자기 숙연해졌어요. 그런데 원장님의 마지막 말씀에 폭소가 확 터졌습니다.

"실바 내가 원장이라고 봐순 건 아니죠?"

과장님! 우리 직원, 손 좀 봐주세요

저는 이 병원에서 새로운 경험을 많이 하고 있는데, 그중 하나가 부서간의 구분 없이 직원에 대한 관리나 코칭을 모든 부서장이 같이 하고 있다는 것입니다.

다른 병원에서는 좀처럼 그런 일이 없는 것으로 알고 있고, 지난번 있던 병원의 경우도 만약 그런 일이 있을 때는 부서장들끼리 갈등과 다툼이 생기기 일쑤였어요.

예전 병원에서의 일입니다. 원무과 여자 직원들의 유니폼 치마가 짧아서 원무부장님이 제재를 가하고 싶었지만, 남자인지라 예민한 여자들을 대하기가 어려워서 말도 못하고 고민만 하고 있었어요.

아무 제재가 없다보니 다른 직원들이 '원무과 여직원들은 무슨 패션쇼를 하러 왔냐'고 빈정대기도 했고, 간호복이나 의료 가운을 입는 직원들은 그들과 얘기도 잘 안 했습니다. 다른 부서장들도 흉만 봤지 원무부장님께 이래라 저래라 말할 수는 없었어요. 아시잖아요? 그런 일에는 나서지 않는 게 공공연한 불문율이라는 걸요.

그런데 이 병원에서는 그런 일은 없었어요. 물론 유니폼 스커트를 너무 짧게 입는 직원도 없지만, 그런 비슷한 문제가 있으면 부서장들끼리 서로 협조를 합니다.

우리 병원 간호부에는 남자 간호사들도 많이 있는데 그중 입사한 지 5개월 된 남자 간호사 A가 있습니다. 저와 비슷한 시기에 이 병원에 들어왔어요. A는 간호부에 있으면서 관리자나 일선 간호사들 사이에 평이 좋지 않았습니다. 태도가 불량할 때도 있고, 간호과장님 말을 잘 안 듣기도 했습니다. 심지어는 환자들에게도 퉁명스러워서 간호과장님이 걱정을 많이 했죠. 처음에는 간호과장님이 노력을 해보셨는데 그래도 안 되겠다 싶었는지 검사실 과장님께 도움을 요청하시더군요.

"과장님, 우리 간호부 A씨 손 좀 봐주세요."

"네, 그러죠. 퇴근하고 보내주세요."

와! 전 그 말을 듣고 무서웠어요. '손을 봐달라니, 무슨 이런 조폭 같은 병원이 있나?' 하고요.

처음에 병원 사정을 잘 모르던 저로서는 벌벌 떨 일이었죠. 그런데 나중에 보니 그게 아니었어요. 검사실 과장님이 야단도 치고 조언도 하고 달래기도 하면서 남자들끼리 서로 대화를 나누었나봅니다. 그러자 그 간호사가 변하기 시작했어요. 간호과장님께 찾아와서 그동안의 태도에 대해 용서를 구하고, 환자들이나 동료들에게 잘하겠다고 약속하더군요.

저는 놀랐습니다. 보통은 다른 부서 사람이 자신의 부서 직원들에게 뭔가 제재를 가하면 월권행위라 여겨 기분 나빠하거든요. 그래서 일절 충고 한 마디 못 하게 하잖아요. 같은 부서 직원을 챙기는 것은 좋지만 맹목적인 보호는 병원의 전체 조직을 위해서 좋지 않죠.

그런데 여기서는 부서장들이 그런 상황을 자존심 상하는 일로 받아들이지 않더군요. 오히려 부서장간에 협조가 잘 되어서 병원의 조직관리 시스템이 아주 잘 돌아가고 있습니다.

아까 살짝 보니, 간호과장님이 내일 있을 경력 간호사 교육 때 할 인사말을 준비하고 있더군요.

"서로 믿음이 있다면 아무 문제가 없습니다. 우리는 다른 관리자가 내 권위에 먹칠을 하려고 그런 행동을 하는 게 아니란 것을 압니다. 바람직한 소통은 우선 믿음이 전제되어야 합

니다. 우리 병원은 바로 그 믿음 덕분에 소통이 더 잘 되는 것

입니다. 먼저 서로를 믿으세요.”

양보와 희생으로 통하라

남을 너그럽게 받아들이는 사람은 항상 사람들의 마음을 얻게 되고,
위엄과 무력으로 엄하게 다스리는 자는 항상 사람들의 노여움을 사게 된다.
_세종대왕

오늘은 진료를 마치고 전(全) 직원 세미나가 있었습니다. 지하에 있는 작은 방을 세미나 장소로 사용하는데, 병리실에 들렀던 주인이 지나가다가 얼굴을 쑥 내밀고는 세미나실을 둘러보더군요.

"어? 과장님 혼자 계세요?"

"네, 직원들도 곧 내려올 겁니다. 선생님도 꼭 오세요. 우리 병원에서 의사 참석은 필수 사항인 거 아시죠?"

"네, 알지요. 그런데 직접 의자 정리를 하세요? 총무과 직

원들은 어디 가고 직접 이런 일을 하고 계세요? 아래 직원들 단속 좀 하셔야겠어요. 후훗.”

“아이쿠, 무슨 말씀을요? 직원들은 지금 오늘 업무 마감하고 있습니다. 마감하는 대로 나한테 바로 보고할 거고요. 앞서 마감 보고 기다리느니 잠시라도 한가한 내가 해야죠.”

“아니, 그래도요.”

“내가 이런 일 한다고 과장이 말단 직원 되는 것도 아니고, 오히려 직원들이 미안해서라도 빨리 정리하고 내려옵니다. 딴짓 못 하죠.”

그 말에 주인은 고개를 끄덕이며 수긍했습니다.

“총무과 직원들이 과장님한테 꼼짝 못한다는 얘기는 들어서 알고 있었는데, 이런 것도 이유가 되겠네요.”

“네, 솔직히 말하면 그래요. 시켜만 놓고 내가 관심을 보이지 않으면 아무 소용없어요. 내가 조금 양보하면 됩니다. 세미나 마치면 직원들이 일사분란하게 정리하죠. 상사가 해둔 걸 그냥 모른 체한다면 우리 병원 직원으로서 자격이 없습니다. 먼저 양보하면 모든 게 만사형통이죠. 하하.”

“남자 간호사 손보신다는 얘기를 들어서 무섭다고만 생각했는데, 이런 분이신 줄은 몰랐네요.”

“하하! 뭘요. 병원과 상사에 대한 신뢰가 없다면 그런 건 불가능하죠. 내가 먼저 마음을 열면 안 되는 게 없어요. 그게 소통이죠. 술 마시면서 마음 푼다고 소통이 아니에요. 내가 조금 양보하면 소통의 물꼬는 언제나 트입니다.”

“참고해야겠네요.”

“하하, 그러신다면 영광입니다.”

소통으로 효율과 성과를 높이다

“저, 5병동 수간호사 김진희입니다.”

“네! 무슨 일이시죠? 무얼 도와드릴까요?”

“병실에 형광등이 나갔어요. 간호사실에도 콘센트 하나가 전원이 안 들어와요. 빨리 부탁드릴게요.”

“네, 잠시만 기다리세요. 바로 올라가겠습니다.”

오전에 주인과 함께 5병동에서 회진을 마치고 환자 차트를 보고 있는 중이었어요. 병동 수간호사님이 시설팀으로 전화하는 걸 들었습니다. 전 속으로 생각했죠.

'에구에구…. 시설팀에서 언제 오려나? 빠르면 내일쯤 오겠고….'

오전에 시설팀 직원을 5병동에서 보는 것은 어려운 일일 거라고 생각했죠. 그런데 이럴 수가! 주인이 차트 점검을 모두 마치고 간호사들에게 몇 가지 오더와 지침을 일러주고 있는 동안 시설팀 직원이 활짝 웃으며 들어오는 게 아닙니까?

"안녕하세요? 어느 병실입니까? 고장이 난 콘센트는 어디에 있죠?"

"어머, 빨리 오셨네요. 502호로 같이 가시죠."

"넵!"

저도 병원 생활이 벌써 몇 년째지만 시설팀 직원이 요청을 받고 이렇게 빨리 오는 건 처음 봤습니다. 뭐, 물론 하릴없이 팀 사무실에서 수다 떨다가 왔는지도 모르겠지만요.

예전에는 병원 구석구석 부서에서 시설팀에 수리 요정 같은 걸 하면 기다리는 게 일이었고, 요청 후 3일쯤 지나서 오면 그게 당연하다고 생각했습니다. 주인도 저와 생각이 같았나 봅니다.

"시설팀에서 번개같이 왔네요?"

"네, 우리 병원은 이런 건 미루지 않아요. 바로바로 해주니까 얼마나 좋은지 몰라요."

"시설팀이 부지런한가 봐요?"

"그런 이유 때문만은 아니에요. 한 3년 전까지만 해도 요청하면 올 때까지 2박 3일은 걸렸는데, 이렇게 바뀌었어요."

"어떻게요?"

"각 부서 관리자들이 모임을 갖기 시작하더니 이렇게 됐어요. 그 전에는 부서간 갈등과 반목이 조금씩 있었죠. '대화가 안 된다', '말이 안 통한다' 하면서 모임은 아예 시도도 하지 않았어요. 그런데 위의 별도 지시 없이도 우리들 스스로 이런 모임을 만들어 마음을 터놓고 우애를 쌓으면서 서로 이해와 배려가 생기기 시작했어요. 결국 그렇게 진심을 이해하게 되고, 업무 효율도 높아지더군요. 모임 이름이 'MLB'예요."

"아… 메이저리그베이스볼(Major League Baseball)?"

"호호, 재밌죠? 근데 그건 아니고요. Middle Leader's

Best friends의 약자예요. 중간관리자 최고의 친구들이라
고 해석하면 될 것 같네요."

"아…. 네…."

주인은 간호사의 이야기를 듣고는 그제야 수긍하는 눈치였
습니다. 물론 저도 그랬고요.

병동을 떠나기 전, 주인이 가운 주머니에서 조그만 수첩을
꺼내서 뭔가 끼적거리더니 제가 쉬고 있는 왼쪽 주머니 속으
로 쏙 집어넣더군요. 거기에는 이렇게 적혀있었어요.

『약간의 양보와 희생만 있다면 소통의 폭은 넓어진다.』

마음으로 듣고 품위를 담아라

마음을 들어야 하고 품위 있게 말해야 한다

스승님, 그동안 안녕하셨는지요?

바쁘다는 핑계로 연락을 자주 못 드려서 죄송합니다.

저는 이번에 옮긴 병원에 차차 적응해 가고 있습니다.

전문의 4년차에 접어든 지금, 저는 병원으로부터 많은 사회적 요구를 받고 있습니다.

학교 때는 제가 이미 의사인 줄 알았습니다. 스승님께서 늘 일러주시던 "의사는 절대로 우월한 사람이 아니다. 환자가 없으면 의사는 존재 가치가 없다"라는 말씀을 그 시절에는 한 귀로 듣고 한 귀로 흘려버렸던 것이 사실입니다. 지금 돌이켜 보니 참으로 애송이 같던 시절이었습니다.

요즘 제 고민은 환자들이나 병원 내의 간호사, 파라메디컬(paramedical) 쪽 직원들과의 소통 문제입니다. 또한 환자의 경우, 만성질환 환자는 물론이고 환자들 대부분이 가벼운 우울증을 함께 앓고 있어서 환자와의 소통도 조심스럽습니다. 꼭 중증의 환자가 아니라도 제가 치료한 환자들에게 무슨 말을 해야 할지 사실 잘 모르겠어요. 그냥 조심하라며 씩 웃는 게 전부일 때가 많습니다.

원래 성격상 그리 말이 많은 편도 아니지만, 이제 과장이라는 직책에 맞게 행동하려면 좀 변화가 있어야 할 것 같습니다. 과장이 되고 보니 또 직원들과 원활한 협조를 하기 위해서도 대화가 필요하더군요.

공부하고 임상 경험에만 신경 쓸 때는 몰랐는데, 우리는 사람을 많이 만나야 하는 직업임에도 정작 어떻게 말을 하는 것이 예의에 맞는지, 어떻게 상대방과의 협력을 이끌어내야 하는지 거의 접해보지 못했지요. 물론 몇 가지의 사회적 기술들은 병원에서도 교육을 통해 익히고 있습니다.

하지만 이에 대해서 어떤 마음가짐으로 임해야 할지를 여쭙고 싶습니다. 예의범절을 전혀 모르고 성장한 사람은 아니니 마음가짐에 대한 지침이 있다면 소통에 훨씬 가치를 더할 수 있을 것 같습니다. 바쁘시겠지만 부족한 제자를 위해 잠시 시간을 내서서 좋은 말씀 부탁드립니다.

_제자 진우 올림

편지는 잘 읽어보았네. 지금이 한창 병원에 적응할 시기고 아직 젊으니 일도 많겠군. 나중에 개원할 계획이 있다면 더욱 신경 써서 병원 일에 전념하고 있을 거라고 믿네.

자네가 말한 고충들을 살펴보면서 예전의 내 모습이 생각났네. 그때의 나도 지금의 자네와 똑같지 않았겠느냐 이 말일세. 꼭 의사로서가 아니라 인생 선배로서 아주 기본적인 몇 가지만 조언을 하고자 하네.

환자와의 대화는 건강한 사람들과의 대화와는 무척 다르고 까다롭다는 걸 먼저 알아두게. 건강한 사람들과의 대화도 힘든데 하물며 환자와의 대화는 말할 것도 없지. 또한 환자는 일상적인 대화법을 쓸 것이네. 우리가 대화할 때 자주 들어가는 의학적 대화와는 달라. 그러나 의사는 대화 속에서 숨어있는 의미를 이해할 수 있어야 하고, 또 환자의 말을 듣기만 하는 것이 아니고 그 마음을 들을 수 있어야 한다네. 그러기 위해서 꼭 염두에 두어야 할 가장 중요한 것은 '모든 환자는 불안해한다'는 사실이야. 따지고 보면 환자뿐 아니라 모든 사람이 불안해하지. 그 불안이란 우리에게 위험을 알려주는, 마음의 신호일세. 환자는 자신의 마음속으로부터 이것을 더욱 크게 듣고 있지. 이런 환자에게 냉정한 말을 하거나 차가운 표정을 보이는 것은 의사로서의 본분을 따르지 못하는 언행이네. 무심결에 나오는 한숨조차도 조심하게. 의사는 환자를 치유해야 하는 사람인네, 불안감을 높인다면 더 병을 주는 존재가 되어버리는 거지. 이건 일종의 직무유기야.

환자들이 자주 '선생님, 어떻게 하면 좋을까요?'라며 충고를 바랄 때가 있을 걸세. 그러나 그런 환자에게 불필요한 충고는 금물이야. 충고를 따르기에는 머리와 마음이 무척 복잡한 상태야. 아무리 경증이라도 말일세. 특히 의학적 견해와 상관없는, 예를 들어, "요양차 시골로 갈까요?"와 같은 질문을 받는다면 불필요한 충고는 하지 않는 편이 낫네. 충고란 상대가 따를 가능성이 있어야 할 수 있는 거야. 내 충고가 당신들의 결정에 무슨 영향을 미칠 것이냐고 되물어보는 편이 차라리 나을 것이네.

이런 말을 할 때도 "제 충고가 무슨 도움이 되겠어요?"라는 식은 곤란하네. 그 방식은 병원 교육을 통해서 자세히 익히도록 하게. 위 같은 대화는 자존감이 올라가는 것이 아니라 건달 같은 속내를 보인 것뿐이네.

간혹 철없는 의사들이 권위를 보인답시고 강하고 거친 말을 쓰는데, 이는 잘못된 거야. 의사뿐만 아니라 모든 의료인은 말에 품위를 담아야 하네. 그럼, 다시 봄세.

_건승을 기원하며

일상의 언어를 사용하라

야생식물이 가지치기가 필요하듯, 타고난 능력도 학습을 통해 다듬어져야 한다.
_프랜시스 베이컨

"연하곤란 때문입니다."

"네? 연하곤란이요? 남편은 연하가 아닌데요? 나보다 3살이나 많아요."

"아! 죄송합니다. 호흡곤란이라는 뜻입니다. 호흡곤란 상태라서 일시적으로 쇼크가 온 겁니다. 지금은 안정되었으니 걱정 마십시오."

"아, 예…. 무슨 말인가 했어요. 병원에서 못 알아듣는 말이 있는 줄은 알았지만, 웃긴 말도 있네요."

"아, 그런가요? 하하."

"난 또 남편이 연하라서 나 때문에 충격받았다는 줄 알았네. 내가 그렇게 나이 들어 보이나 했어요."

"……."

일시적으로 쇼크를 받아 실려 온 남자 환자의 부인에게 우리 병원 신참 의사가 의학 용어를 사용했는데, 그게 웃음거리가 된 건지 환자가 불만을 일으킨 건지 애매한 일이 벌어졌어요. 부부싸움을 하다가 남편이 실려 온 모양인데 연하곤란이라고 하니 그 부인이, 남편이 연하고 자신이 연상이라서 남편이 기가 죽어서 쇼크를 받았다는 말로 잘못 알아들어 버렸네요. 다행히 부인 성격이 괄괄한지 그냥 웃어넘겨주긴 했지만 불쾌해 할 수도 있는 상황이었습니다.

응급실 간호사가 한마디 주의를 주네요.

"참, 선생님도…. 여긴 수련 장소가 아니에요. 지도 교수님께 보고하듯이 하시면 환자들 아무도 못 알아들어요. 호호."

"네, 아직 습관이 안 고쳐지네요."

"그렇죠? 습관이란 게 무섭긴 해요. 우리 같은 사람들은 공부할 때랑 병원에서 일할 때랑 각각 다른 언어 사용에 신경을 써야 하죠. 저도 처음 간호사 됐을 때는 힘들었어요. 나도 모르게 의료 용어가 입에서 나오기도 하고 딱히 대화하는 방법을 잘 알 만큼 많은 나이도 아니었고… 게다가 병원 오기 전에 배운 적도 없었고요. 그저 부딪치면서 깨달았죠."

"하하, 그럼 그저 시간이 가길 기다려야 하는 겁니까? 무슨 좋은 방법 없어요?"

"의대 친구 아닌 친구나 가족한테 말한다고 생각하세요. 환자들에게는 그게 더 일상적인 말일 거예요."

"그렇군요."

'Yes, And, Thanks'의 great power

오늘은 진료를 마치고 늦은 오후에 주인을 따라서 병원 교육에 참가했어요. 환자나 동료 또는 그 누구와의 대화도 어렵긴 마찬가지겠지만, 이 3가시만 살 사용하면 대화가 순조로워진다고 하더군요. 바로 "네", "그리고", "고맙습니다"입니다. 아주 간단하죠? 상황에 맞게 대화 속에 이 말을 넣어서 사용하면 대화의 달인이 될 수 있다고 하네요.

대표적인 상황만 정리해 보면 다음과 같다고 합니다.

먼저, 환자가 "수고했어요" 또는 "수고하세요" 할 때는 "네(yes), 고맙습니다(thanks)"라고 하면 됩니다. 이때는 "네"라고만 대답하면 인사를 받기만 한 꼴이 되어서 좋지 않다고 합니다.

그리고 환자의 말을 부정해야 할 때는 "네(yes), 그러나…"라고 말하면 우선은 상대방의 말을 알아들은 것이 되므로 무작정 부정해버리는 것으로 보이지 않는다고 합니다. 처음부터 단호하게 "아니요(no)"라고 하면 환자가 주눅이 드는 걸 넘어 적대감을 갖고 우릴 공격할 태세가 된다고 해요. 여기서의 '네'는 당신의 말을 잘 알아들었다는 긍정적 메시지입니다.

칭찬과 질책을 해야 할 때는 어떨까요?

"잘 했군요. 그리고(and) 이건 다시 해보면 좋겠어요"입니다.

이걸 부정적으로 바꾸면 "응. 잘했네. 그런데 이건 다시 해!"인데, 자칫하면 기분 나쁘게 들립니다. 하지만 '그리고'라고 운을 떼면 상대방이 긍정적이고 개방적인 마음의 상태로 듣지만, '그러나'로 시작하면 뒤에 부정적인 말이 나올 것임을 감지하고 마음에 공격성을 담게 된다고 하네요. 칭찬을 하려는 건지 질책을 하려는 건지 모호해지고, 상대방에게는 칭찬보다 질책이 더 크게 들린다고 합니다. 리더라면 꼭 알아두는 게 좋겠더군요.

우리 주인이 특히 이 부분을 많이 연습하고 있습니다. 워낙 단호하고 결정적인 말투와 yes, no를 분명하게 말하던 습관 때문에 그런 것 같습니다. 의료계의 전반적인 상황과 환경이 단호한 분위기라서 그럴 겁니다.

소통이 실력이다

날카로운 말은 약과 의사도 치료하기 힘든 상처를 낸다.
_토머스 처치야드

오늘부터 병원 홍보팀에서 환자들과 보호자를 대상으로 설문조사가 이루어진다고 합니다. 1주일 동안 진행될 거라고 하네요.

제가 이 병원에 오고 나서는 처음이지만 이미 이곳에서는 10년 전부터 해오고 있는 일이라고 합니다. 1년에 한 번 실시한 조사 결과를 반영하여 병원 경영과 환자 치유에 개선점을 찾는다고 합니다.

예전에 주인의 책자에서 본 게 있는데, 아마도 미국 자료

였던 것 같아요.

'환자는 어떤 모습의 의사를 바랄까'라는 주제였습니다. 1위는 쉽게 설명을 해주는 의사, 2위는 실력 있는 의사, 3위는 인간미 있는 의사였습니다. 지금은 3위까지밖에 기억이 안 나지만, 환자들은 이미 의사의 실력에 대한 믿음을 가지고 있기 때문인지 의술보다는 자신을 어떻게 대하는가에 더 관심이 있는 것 같습니다. 하긴 그렇겠죠. 아플 때는 우선 자신의 감정이 중요하니까요.

간혹 어렵게 설명해야 실력 있다고 생각하는 사람도 있습니다. 하지만 학생과 선생님에 비유해보면 그게 아니라는 걸 알 수 있죠. 실력 있는 선생님은 학생들이 잘 알아듣도록 가르칩니다. 반면에 실력이 없는 선생님은 책에서 본대로, 이론대로만 가르칩니다. 하지만 책의 내용은 학생도 대부분 알고 있습니다.

중요한 건 '이해'입니다. 그리고 이해를 시키려면 알아듣기 좋게 말해야 합니다. 그래야 학생들의 학업 능력이 발전하고 또 그다음 학습에 도전하고자 하는 의욕이 생깁니다. 학생이 좋아하는 선생님은 이렇게 '잘 가르치는' 선생님이지 '잘 배운' 선생님이 아니죠.

물론 의사와 환자와의 관계와는 좀 다르긴 해요. 선생님은 가르치는 게 중요하고, 의사는 치료하는 게 주된 일이니까 쟁점이 좀 다를 수는 있습니다. 하지만 이렇게 얘기할 수는 있어요.

"좋은 의사는(치료든 일상 대화든) 잘 소통하는 의사지 잘 배운 의사는 아니다."

행동이 따라줄 때 위대함이 드러나는 것 같아요. 소통을 잘 못하는 병원을 보면 너무 어려운 말을 사용합니다. 만약 자신이 가진 지식을 자랑할 마음에서 그런 게 아니라면 아마도 말하는 방법을 몰라서 그러는 거겠죠. 아니면 어려운 것을 쉽게 설명하려고 노력하지 않은 탓일 겁니다.

여기서는 '쉽게 설명하려고 노력하지 않았다'는 부분이 중요합니다. 수술대에 누워봐야 환자 심정을 알고, 애를 낳아봐야 소리 지르는 산모 고통을 안다지만, 병원은 수많은 직간접 경험이 있습니다. 위대한 병원은 그것을 단지 '임상 케이스'가 아닌 '소통 케이스'로 받아들이고 고민합니다.

똑똑한 사람들, 그들이 이해하지 못하는 이야기

요즘 한창 설문조사 결과가 집계되고 있는 걸 보니 예전 병원에서 있었던 일이 생각납니다.

그러니까 1, 2년 전이었던 것으로 기억합니다. 그 병원에서 처음으로 환자 만족도 조사라는 것을 실시하고 그 결과를 발표하는 날이었는데, 경영진과 의사만 배석한 자리에서 결과 공개가 있었어요. 그런데 병원의 명성에 비해 환자들의 만족도가 너무 낮았습니다.

저는 좀 놀랐습니다. 만족도가 낮았던 부분 중 하나가, 유명한 병원이라기에 지방에서 올라왔는데 대기실에 앉을 수 있는 의자가 부족해 2시간 이상 서서 기다리는 일이 다반사였다는 것입니다. 환자가 너무 많아 예약도 하지 못할 정도였는데, 그렇다면 진료 대기시간에 좀 편하게라도 있게 해달라고 불평불만이 엄청 쏟아진 겁니다.

그것은 많은 불만들 중의 하나에 불과했지만, 환자 입장에서는 상당히 불편했던 것이죠.

그런데 문제는 또 다른 곳에서 터졌어요. 결과를 듣던 한 의사가 "환자들이 한 그런 불평을 어떻게 믿어요?"라고 말한 것입니다.

이런 말 하는 병원이 어디 있을까 싶지만, 그 병원에서는 그런 말은 누구나 할 수 있었습니다. 중요한 건 조사결과의 내용이 아니라 그것을 받아들이는 태도였습니다. 환자들의 말을 믿지 못한다는 것은 자신이 돌보는 환자를 완전히 무시하는 태도고, 병은 고치지만 소통은 하지 않겠다는 뜻이죠.

소통은 어느 한쪽이 자신의 의견을 전달하고 끝내는 것이 아닙니다. 그건 일방적인 알림, 통보죠. 소통은 주고받는다는 의미입니다.

그때 다른 의사 선생님이 "환자들이 저런 생각을 갖고 있다는 것은 우리가 알고 참조해야 할 사실이야. 의사 개인에게 인신공격을 한 게 아니니까 너무 예민하게 굴지 마"라고 말해서 분위기가 가라앉았죠.

사실 평소에도 의사와 환자의 관계가 너무 안 좋았던 것 같아요. 속으로 불평이 꽉 차고, 그걸 알면서도 그냥 모른 척 넘어가고…. 하지만 환자는 어쩔 수 없으니 오고…. 어쩌면 이미 예견된 과정인지도 모릅니다.

병원에 있어봐서 아는데, 병원 사람들 참 똑똑합니다. 기억력도 좋아요. 그런데 왜 이해를 못 할까요? 그게 바로 소통인데 말이죠. 이해가 되지 않는 것은 소통이 아니잖아요. 병원의 이야기, 환자의 이야기를 서로 주고받을 소통의 수단은 여러 가지가 있을 겁니다.

오늘 잠깐 들리는 말에 의하면 우리 병원의 물리치료사가 '우수 직원상'을 받을 것이라고 하네요. 치료를 하면서 진행하는 물리치료 과정을 계속 이야기해준 덕에 환자들이 이해하기 쉬웠고, 그래서 치료에 동참하기 좋았다는 평가가 올라오고 있답니다.

큰사람, 넓은 소통

지난번에 이어 주인의 스승님이 제 주인에게 다시 한 번 조언의 편지를 보내셨네요. 기본적으로 환자는 우울함과 불안을 갖고 있다는 점에 대해서 더 일러주실 게 있답니다.

진우군 보게.

우리가 보기에는 크게 걱정할 일이 아니지만, 환자들도 사람인 이상 우리가 미처 생각지 못한 일이 있지. 이런 것도 우리가 질병만을 본다면 이해할 수 없을 것이네. 그래서 환자 전체를 보아야 한다는 선배들의 가르침이 있는 것이지.

환자들에게 도움이 되거나 위로가 되는 말을 하고 싶다면, 차라리 세월이 약이고 그런 우울증은 오래 가지 않을 것이라고 말해주는 편이 효과적일 걸세. 병이 나으면 자연스럽게 같이 나아질 것이니 안심하라고 말해주게.

기분이 좋지 않다는 환자에게 여행을 좀 해라, 너무 상심하지 마라, 기운 내라는 말은 별로 도움이 되지 못한다네. 오히려 해가 되지. 걱정을 더 얹어 주는 꼴이 되니까.

걱정 많은 환자에게 한가하게 여행이나 가서 기분을 풀라고 하면 그만큼 답답한 처방도 없지 않겠는가? 정신과에서조차 여행을 좀 하라는 조언은 아껴야 한다네. 근본적인 치유가 되지 않은 상황에서는 여행이 오히려 불안을 높이거나 영영 돌아올 수 없는 도피처가 되어버릴 수도 있네.

과를 맡아서 한창 일하다보면 자네에게 공격적인 환자도 있을 것이네. 하지만 공격적인 환자라고 같이 공격적으로 대하면 절대 안 되네. 환자는 자기가 무서워하고 있는 사람을 정면으로 공격하면서 자기의 불안을 위장하는 수도 있으니까 말일세. 자네를 두려워하고 있는 거야. 그게 자네의 권위지. 자기를 치료한 그 전 의사들은 엉터리라느니 아무것도 모른다느니 또는 오진을 해서 환자가 죽기까지 했다는 등으로 빈정대면서 신랄한 비판을 할 수도 있는데, 괘념치 말고 듣고만 있게. 같이 그 의사를 공격하는 것은 자네의 권위를 세우는 것이 아니라 떨어뜨리는 행동이네. 다시 일러두지만, 자네의 오진이나 잘못이 없음에도 불구하고 만약 환자가 의사의 권위를 떨어뜨리려고 한다면 그것은 환자가 겁에 질리고 불안해서 자신의 병을 감추려 애쓰고 있다는 의미일 뿐이니 의연하게 큰사람의 태도로 처신하게나.

영국 속담에 '살아있는 한 희망은 있다'라는 귀중한 말이 있지. 환자에게 있어서 의사는 희망이네. 자네의 한숨이나 비관적인 태도는 환자를 불안에 떨게 하고 때로는 절망감을 줄 수도 있어. 그런 면에서 환자들의 공격적인 모습은 우리 병원들이 먼저 자초했을 수 있는 거지. 쉬운 문제가 아니니 곰곰이 생각해 보게나. 그럼, 또 봄세.

_건승을 기원하며

아래로부터의 소통

우리 병원 직원들을 보면 참 거리낌이 없습니다. 그렇다고 앞뒤 구분 못 하고 행동한다는 것이 아니라, 자신의 의견을 피력하는 데 있어서 어려워하거나 눈치를 보지 않는다는 뜻입니다.

경영진에게 향하는 핫라인(hot-line)이 그 선봉에서 한몫을 톡톡히 합니다. 직원들은 언제라도 개선점이나 아이디어에 관해 제안 활동을 스스럼없이 할 수 있는데, 경영층에게 바로 보낼 수 있는 이메일 덕분입니다.

이런 것은 경직된 문화를 가진 조직에서는 볼 수 없는 일입니다. 일선에서 환자를 직접 대면하는 직원들은 병원 운영의 불합리한 점이나 환자와 직원에게 불편한 프로세스에 대해 누구보다도 잘 알고 있는 사람입니다.

경직된 조직에서는 제안을 하고 싶어도 시간이 많이 걸리거나 아예 제안을 할 창구조차 없는 경우도 많고, 제안해도 묵살당하는 일이 예사입니다. 그러니 아예 시도조차 하지 않는 경우가 부지기수죠.

다소 폐쇄적인 특징을 가진 병원 또한 예외는 아닙니다. 하지만 우리 병원에서는 이런 제안들이 바로 경영층에게 전달되고, 합리적인 제안인 경우 바로 시행 지시가 부서장에게 떨어집니다. 부서장들도 직원들의 이런 직접적 제안에 대해 제동을 걸지 않습니다.

"왜 나한테 먼저 말 안 하고 원장님께 바로 말했느냐?"는 식의 질타 따위는 아예 없습니다. 그것은 유연한 조직이라는 증거이고 아래로부터의 소통을 중요시하는 병원임을 증명하는 것입니다.

정기 회의나 워크숍을 통해 경영진과 대화를 나눈 후에도 직원들의 의견은 적극 반영됩니다. 이런 경험들로 인해서 직원들은 '내 얘기를 이토록 잘 들어주다니. 묵살당하지 않는구나. 그렇다면 좀 더 발전적인 제안을 해야겠다'고 생각하게 됩니다. 바람직한 노사문화로 인해 직원들이 무리한 요구를 하지 않는다는 것을 경영층도 잘 알기 때문에 제안을 막지 않습니다.

꼭 개선점이 아니라 어떤 요구라고 해도 상관없습니다. 그런 말을 하는 이면에는 뭔가 문제가 있기 때문이라고 생각하는 거죠.

일선 직원의 말 한마디가 무시당하지 않고 원활하게 소통되는 곳이라면 정말 일할 맛 나는 병원임이 틀림없습니다.

지천에 널린 소통의 수단

오늘 정말 깜짝 놀랄 일이 있었습니다. 이제껏 주인이 이런 일 하는 건 처음 봤어요.

사건의 전말은 이렇습니다.

최근 들어 주인이 회진에 할애하는 시간이 좀 늘어났습니다. 같은 과 선배 의사가 조금 시간을 줄이고 우리 주인이 그 시간을 이어받게 된 것이죠. 그런데 하루 종일 진료하는 게 아니라 진료시간이 오전·오후로 나누어져 있다 보니 늘 오전에만 회진을 하지는 않았죠. 오후에도 하게 되고 오전 근무가 끝나는 직후에 하기도 했습니다.

그런데 오늘 병실에 회진차 들렀는데 마침 점심시간과 겹쳤더군요. 이건 주인이 미처 생각하지 못한 실수였다고 생각했어요. 환자와 보호자들은 좀 당황해서 놀라는 눈치였는데, 그래도 회진이니 얼른 숟가락을 놓고 주인의 말에 귀를 기울였습니다.

주인이 병실 환자들과 돌아가며 대화를 나누고 나오려는데 어떤 아주머님이 "선생님, 점심 같이 드시지요?" 하시더군요. 전 으레 인사치레로 하는 말이라고 생각했습니다. 그런 일들은 가끔 있거든요. 그래서 주인이 "아, 괜찮습니다. 계속 드세요"라고 할 줄 알았는데….

"아, 그래도 되겠습니까? 지금 구내식당에 가면 혼자 먹어야 하는데… 안 그래도 막 배가 고픈 차였습니다."

이렇게 대답하는 게 아니겠어요? 정말 놀랐죠.

"그럼요. 이쪽에 앉으세요. 그런데 찬이 변변찮아서 드실 수 있을지…."

아주머니는 살짝 수줍어하시더군요.

"괜찮습니다. 아, 제 밥을 여기로 가지고 오라고 부탁하죠. 저기, 수경 씨. 미안한데 식당에서 내 밥 좀 보내달라고 할 수 있을까요?"

"아…, 네. 영양사한테 연락할게요."

병동 간호부 수경 씨가 얼른 연락을 했더니 영양사가 식판 한가득 음식을 담아 예쁜 밥보자기를 얹어서는 가지고 오더 군요. 그렇게 해서 우리 주인은 병실에서 환자들과 보호자들 과 함께 점심을 먹었습니다.

처음에는 병동 간호사실에서 테이블을 가지고 온다 어쩐다 하면서 수선을 떨었는데, 주인이 괜찮다면서 보호자들이 식 사 때 임시로 쓰는 판 위에서 같이 점심을 먹었습니다.

같이 밥을 먹으면서 이런저런 이야기를 나누는 모습을 보 니 의외로 환자와 보호자들이 너무 좋아하더군요. 병에 대한 이야기도 자연스럽게 하고, 주인이 진료 때와는 다르게 편안 하게 설명을 해주는 모습에 저도 놀랐습니다.

나중에 주인이 동료와 나누는 이야기를 들으니 좀 이해가 되었습니다.

"1, 2대 우리 원장님들이 대대로 그렇게 하셨다고 들었어. 매일 그럴 수야 없겠지만 이런 시간을 조금 내면 환자들 이야기도 더 잘 들을 수 있고, 내 행동으로 환자가 이미 반은 치료된다고 믿고 싶어. 히포크라테스 정신을 공부할 때 본 게 기억이 났어. 의사는 환자의 영혼을 치료하는 사람이라고 말이야. 같이 밥을 먹는 것만큼 좋은 방법도 없지."

소통할 방법을 계속 찾아라

오늘은 병원 정기 월례회가 있었습니다. 진료 시작하기 전에 아침 일찍 병원 세미나실에 모인 일부 직원들은 뭔가 발표 준비를 하고 있는지 분주했습니다. 월례회 시작 전부터 영상 자료를 시험하고 일부는 발표 자료를 반복해서 읽으며 연습하는 모습이었습니다.

오늘 발표의 주제는 '내가 환자가 되어보니'라는 내용이었습니다. 병원에서 비공식적으로 떠도는 여러 우스갯소리들 중에 '출산 산모' 이야기가 있습니다. 출산의 진통으로 고래고래 소리 지르는 산모에게 간호사들이 "아줌마, 아줌마만 애

낳아요? 좀 조용히 하세요. 다른 사람이 더 불안해 해요" 하며 창피를 줬다는 얘기가 있습니다. 그래서 사람들이 "직원들도 애 낳아봐야 그 심정 알지"라면서 산부인과에는 모두 출산 경험 있는 사람들로 배치해야 한다는 주장들도 비공식적으로 있었습니다. 그런 연유에서 직접 환자가 되어보는 것도 좋은 일이라는 생각에 이런 시간을 마련한 겁니다.

병원에서는 분기에 한 번씩 전 직원들이 돌아가면서 환자 역할 해보기, 환자 체험하기 등의 행사를 합니다. 행사라고 하니 겉치레 같이 들릴지도 모르지만, 우리 병원에서는 이것을 교육의 일환으로 행하고 있었습니다.

첫 번째 발표자는 '수술실 환자 되어보기'라는 주제로 발표를 했는데, 우리들이 무심코 지나쳤던 것들에 대해 요목조목 짚어주는 내용들이 많은 걸 느끼게 해주었습니다.

'수술실의 조명이 너무 밝아서 눈이 부시더라', '마취가 되기 전에 심장이 쿵쾅거려서 심박수가 높아지더라' 등의 발표를 통해, 수술 전 환자들의 심정에 대해서 느낀 점을 말해 주었습니다. 심지어는 '수술실 입구 현관에서 슬리퍼를 갈아 신을 때 직원 신발은 위 칸에 있고 환자용 슬리퍼가 아래 칸에 있어서 불편한 몸으로 갈아 신기 힘들었다. 슬리퍼도 상하관계가 있느냐?'는, 황당하지만 다소 뼈있는 내용도 있었습니다.

두 번째 발표자는 '병실에서 회진받는 환자 역할 해보기'로 체험 결과를 발표했는데, '다인실의 여러 사람 보는 앞에서 속살 보여주면서 회진받는 게 너무 창피하더라'라며, 병원이 환자들을 더욱 세심하게 배려할 필요가 있음을 느끼게 해 주었습니다.

세 번째 발표자는 주사 체험을 받았는데, '생각보다 주사가 너무 아프더라'라면서 '전에는 환자가 유난을 떤다고 생각했는데 그게 아니더라'라고 발표했습니다.

잘 하고 있다고 생각했지만 알게 모르게 소홀했던 부분들이 드러나는 걸 보면 이런 관찰과 체험을 식상하다고 생각하지 말고 늘 똑같은 마음으로 지켜봐야 할 것 같습니다. 또한 이렇게 다양한 소통의 방법에 저 역시도 놀랐습니다.

尊 : 오늘도 가고 싶게 만들어라!

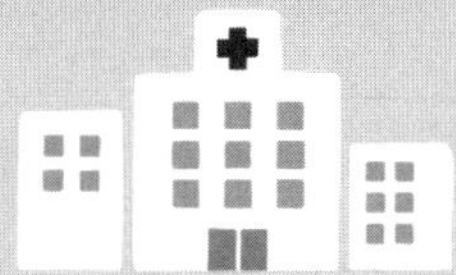

"작아 보이지만 전혀 작지 않은,
오히려 크게 존중받아야 할 큰사람들이 이곳에 있다."

위대한 사람이
위대한 병원을 만든다

진정한 위인이란 모든 사람들이 스스로 자신이 귀한 존재라고 느끼도록 해주는 사람이다.
_G.K. 체스터튼

위대한 병원을 찾아보려고 노력하는 와중에 위대하다는 다른 것들을 찾아보았습니다. 위대한 기업, 위대한 사람, 위대한 보물, 위대한 역사 등을 조심스럽게 살펴보면서 느낀 점이 있다면 위대한 병원은 다른 것보다도 '위대한 사람'과 가장 가깝다는 것입니다.

우선 훌륭하다고 인정받는 병원에는 직원들과 환자들로부터 존경받는 CEO가 있더군요. 그리고 그 CEO가 보여준 모습은 바로 위대한 병원이 지향하는 모습과 흡사합니다. 정성을 담은 태도, 신뢰가 담긴 모습, 원활한 소통 능력, 타인에 대한 존중, 생명존중 정신, 베풂. 바로 이런 것들입니다. 똑같지 않습니까?

게다가 존경받는 관리자의 조건도 비슷합니다. 나아가 직원들도 그렇습니다. 동료로부터 인정받고, 주위가 늘 좋은 사람들로 북적거리는 직원들을 보면 똑같은 특징들을 가지고 있습니다. 동료나 환자들에게 정성껏 대하고, 항상 믿음직스러운 모습을 보여주며, 타인을 배려하여 원활하게 마음이 통하고, 동료와 환자를 존중할 뿐 아니라, 자신이 조금 더 희생하고 봉사하는 마음까지 모두 똑같은 덕목들입니다.

위대한 병원은 결국 위대한 사람이 만들어가는 것 입니다. 어쩌면 위대한 병원을 만드는 가장 빠른 길은 우선 병원 사람들을 위대한 모습으로 만드는 것이라는 생각이 듭니다.

누구나 자신이 가치를 둔 목표를 이루기 위해 거시적인 안목을 가지고 매진합니다. 하지만 자칫하면 바로 눈앞이나 발밑에 있는 것을 놓칠 수도 있습니다. 위대한 병원을 만들기 위해 너무 거창한 목표만 바라보고 뒤도 보지 않고 달려가는 것보다 우리 옆에 있는 사람들부터 위대함의 덕목과 소양을 쌓도록 이끌어가는 것이 올바른 순서일 겁니다.

기본을 먼저 존중하라

최근 주인이 열심히 읽고 있는 책에서 저도 흥미로운 읽을거리를 하나 찾았습니다.

미국의 한 저명한 경영 전문가가 오랜 시간 연구를 하면서 많은 사람들로부터 인정받는 훌륭한 사람들의 공통점을 찾았다고 합니다. 사람들이 예측한 것은 돈, 성실, 노력, 학습, 독서와 같은 항목들이었는데, 발표된 결과는 '품성이 훌륭하더라'는 것이었습니다. 품성에는 정말 많은 덕목과 의미들이 담겨 있습니다. 만약 이것이 사람이 아닌 병원을 대상으로 이루어진 연구라면, '훌륭한 병원들의 공통점은 무엇인가?'로 주제를 잡으면 될 겁니다.

어떤 답들이 나올까요? 저도 참 궁금합니다. 하지만 병원이라는 틀 안에서 쉽게 답할 수 있는 걸 찾자면 아무래도 '우수한 의술, 우수한 의사가 있는 병원, 최신 의료시설을 갖춘 곳'

등이 나올 것 같습니다. 그러면 우리나라 내에서 몇몇 병원들이 물망에 오를 겁니다. 환자들이나 일반 사람들도 이구동성으로 칭찬하는 그런 병원들이 있죠.

그러나 그렇게 인정받는 병원에서도 사람들을 실망시키는 일들이 일어납니다. 사람으로 치자면 정직하지 못하고 거짓을 인정하지 않거나, 불리한 상황에서 뒤로 빠지고 책임을 전가하는 사람, 사과할 줄 모르는 사람은 다소 실망스럽습니다.

이를 바라보는 사회도 그렇습니다. 웬만한 유명 기업들의 모순된 모습에는 입에 거품을 물고 나서지만, 병원의 모순에 대해서는 다소 너그럽습니다. 문제가 생겨도 잠깐 시끄럽다가 어느 순간 조용해집니다. 정말 안타까운 것은, 병원과 의술이 인간존중을 가장 잘 보여줄 수 있는 위치에 있음에도 불구하고, 가끔 이를 저버리는 모습을 보인다는 점입니다.

인간존중의 정신과 생명존중의 정신이 반드시 일지하지는 않는다고 봅니다.

이 세상에서 인간존중의 모습을 제대로 보여줄 수 있는 곳이 있다면 전 제가 있는 이곳, 바로 숭고한 의술의 현장인 병원이라고 생각합니다.

이곳이 영원히 아름답기를 바랍니다.

이곳이 영원히 훌륭한 품성을 가진 존재이기를 바랍니다.

투명해야 한다

요즘 언론이 시끌시끌하네요. 병원이 부당하게 취한 진료비와 환자에게 돌려주지 않은 진료비가 엄청나게 많다면서, 병원이 취할 때는 빠르고, 돌려줄 때는 인색하다는 그런 얘기입니다. 내로라하는 대형 병원들까지 그렇다고 하네요.

환자들과 국민들은 혀를 끌끌 차죠. 하긴 이런 때 아니면 언제 또 병원 흉을 보겠습니까? 단지 환자라는 이유 때문에 알고도 당하고, 모르고도 당하는 일이 있잖아요.

병원이 투명한 모습을 보여야 할 때인 것 같습니다. 구린내

나는 병원은 존중받을 수도, 존경받을 수도 없습니다. 특히 잘나가는 병원이 그렇다면 문제가 더 클 수밖에 없습니다. 어둠의 세계로 비유하자면, 더 잘난 형님이 나타나면 부하들이 배신하는 것과 같죠.

최근에 주인이 책을 몇 권 샀습니다. 그중 하나의 제목이 《의술과 권력》인데, 새로 나온 책인 것 같습니다.

표지를 넘기니 하얗고 휑한 페이지에 이런 글이 적혀 있네요.

『당신의 병원이 환자를 속이고 있는데도 환자가 '당신만이 내가 살 길'이라며 애원하고 있는가? 그렇다면 그것은 환자가 의술의 권력 앞에서 생명을 담보로 잠시 무릎을 꿇은 것뿐이다. 당신은 그것을 존경이나 권위로 착각하고 있는 것이다.』

투명해야 존중받는다

한창 프로 야구 시즌입니다. 야구 경기를 좋아하는 편인데, 마침 오늘은 토요일이라 TV중계를 보고 있었습니다. 경기가 오후에 치러지다보니 시청할 때 좀 졸리죠. 오늘도 약간 비몽사몽이었습니다. 토요일 오전 진료라 진땀도 좀 뺐고요. 우리 병원은 아직 토요일 진료를 하고 있어요.

그래서 약간 게슴츠레한 눈으로 멍하니 화면을 보고 있다가 문득 엉뚱한 생각이 들었어요.

'야구할 때 모자를 왜 쓰지? 전통 복장이긴 하지만 불편할 텐데…. 낮 경기에서 쓰는 건 이해가 가지만 밤 경기에서도 꼭 쓸 필요는 없잖아. 모자가 시야를 가릴 수도 있는데…. 전통 복장이라서? 관례니까? 하지만 선수에 따라서 안 써도 될 것 같은데, 고집스러운 면이 있네.'

그러고 보면 병원에서도 의아한 일들이 간혹 있어요. 항상 생각해왔던 것 중의 하나가 '<u>수술 동의서를 왜 병원만 가지고 있느냐?</u>'는 겁니다.

그건 병원과 환자 사이에 맺은 일종의 계약이잖아요. 그런데 그 계약서를 왜 병원만 가지고 환사는 안 가시죠? 그걸 보고 숙지해야 수술 후 관리도 스스로 할 것 아닙니까?

수술 전에 동의서를 작성할 때 읽어보고 사인하라고는 합니다. 그렇다면 이미 읽어본 것이고 아는 내용인데 왜 두 장을 써서 서로 나눠 갖지 않는 걸까요?

그게 관례라고요? 관례라는 게 참 무섭죠? 관례가 필요한 일도 있지만, 이런 필요 없는 관례는 이제 없었으면 해요.

"모두 읽어보고 아는 내용이라면서요?"라고 할지도 모르지만 이건 그런 문제가 아니죠. 나중에 환자가 수술 교육 받은 내용을 다 잊어버리고 무슨 말을 들었는지 모르게 될 수도 있는데, 어떻게 환자에게 "수술 후 상황에 대해 왜 이해하지 못했느냐? 왜 지키지 않았느냐?"고 말할 수 있나요? 의술을 행한다면서, 자칫하면 환자를 완전히 무지한 세계 속으로 밀어 넣는 꼴이 될 수 있습니다. 더군다나 서류에 사인만 받고 쓱 가져가 버리니, 환자들 입장에서는 마치 악덕 사채업자에게 당하는 기분이 들 수 있죠. 결국 환자의 불신만 커져갈 겁니다.

투명해야 할 부분은 그렇게 개선해야 합니다. 투명한 경영, 투명한 진료가 이루어져야 합니다. 직원에게서도, 환자에게서도 투명한 병원이 존경받습니다.

존중은 치유의 시작이다

예절과 타인에 대한 배려는 동전을 투자해 지폐를 돌려받는 것과 같다.
_토머스 소웰

오늘은 병원에서 견학을 다녀왔습니다. 입사 1년차 미만인 주요 간부도 참석 대상이라 주인도 다른 선생님께 진료를 부탁하고 오후에 함께 다녀왔습니다.

처음 그곳에 도착했을 때, 저는 정말 실망했습니다. 우리 병원만 해도 다른 병원에서 견학을 넘치도록 오는 곳이 아닙니까? 그런데 이번에는 반내로 견학을 간다고 하기에 우리 병원보다 몇 배는 으리으리한 병원으로 가는 줄 알고 있었습니다. 하지만 그 병원은 남의 빌딩 두 층을 세를 내어서 의사 세 분이 조촐하게 운영하는 개인병원이었습니다. 그래서 좀 실망했죠.

'이런 데서 우리가 배울 게 뭐가 있나?'

하지만 역시 사람이든 병원이든 겉으로 보기만 해서는 알 수 없더군요. 병원은 비록 작지만 깨끗하고 단정했습니다. 환자도 많더군요. 앉을 곳이 부족해 서 있는 사람도 있었을 정도니까요. 듣자 하니 얼마 전 1개 층을 확장한 것인데, 그만큼 환자가 더 많이 온다고 합니다.

병원 측에서 우리를 그곳에 보낸 이유는 간단했습니다. 그곳 의사 선생님들이 아주 친절하다는 것이었습니다. 환자들에게 친절한 의사가 주변에 없는 건 아니지만, 그곳 선생님들은 좀 남다른 면이 있었습니다. 시종일관 얼굴에서 미소가 떠나질 않더군요. 억지 미소도 아니고 환자에게 잘 보이고자 하는 의식적 노력도 아니었습니다. 몸에서 저절로 나오는 것이었습니다. 더 놀랄만한 사실은 의사 선생님들이 환자들을 너무 잘 기억하고 있다는 점입니다. 그것도 1년 또는 2년이 넘은 환자를 또렷하게 기억하고 있더군요!

병원 사람들이 기억력이 좋다는 것은 알고 있었지만 그 정도일 줄은 몰랐고, 대략 차트를 보고 기억해내는 수준이 아니라 1년 전에 나누었던 대화까지 기억을 하는 겁니다! 환자들이 그 사실을 너무 좋아하더라고요.

"어떻게 그렇게 오래 전의 환자들까지 모두 기억하세요?"

"슬쩍 넘겨짚는 거죠."

"네?"

"하하, 농담입니다. 비결은 별것 없어요. 기록의 힘입니다. 우리는 환자에게 집중합니다. 그것이 내 환자를 제대로 돌봐야 하는 내 역할입니다. 환자의 위장병이 화병에서 오는 건 아닌지, 심한 다크서클이 알레르기 때문인지 아니면 실연의 상처에서 오는 건지 살펴서 치료하고, 이런 환자의 상태를 대화를 통해 풀어내고 기록해두는 겁니다. <u>우리가 실천하는 친절은 환자를 위한 최소한의 예의고, 안전한 치료를 위한 바탕입니나.</u>"

배려하라, 친절하라

그곳 선생님들과 우리 병원 선생님들이 나눈 대화의 주제는 '친절의 힘'이었습니다. 병원의 숭고한 목적이 환자의 치유인데 환자가 불쾌한 상태에서 치료에 임한다면 병원이 제대로 치료를 할 수가 없죠. 상호 협조가 필요한 것이 의술입니다.

"의술을 의사 혼자서 행할 수 있다고 생각하시는 분은 없겠죠? 우리는 서로 존중하는 모습을 통해 치료의 힘을 높이는 것입니다. 내가 먼저 존중하는 모습을 보이면 환자는 당연히 의사를 따르고 존중합니다. 자신을 존중하지 않는 의사를 존중하는 환자는 없어요. 그래도 존중하는 환자가 있다면 그건 환자의 가식입니다. 그런 척할 뿐입니다. 그건 우리한테도 독이 될 뿐 아니라 우리를 욕보이는 일입니다."

견학을 다녀와서 집으로 곧장 가지 않고 병원으로 향한 주인은 병원에 도착해서도 방으로 가지 않고 응급실로 갔습니다.

그리고는 1시간 넘게 응급실 풍경을 지켜보고 있더군요. 다행히 오늘은 응급실이 크게 바쁘지 않아서 관찰하기가 나쁘진 않았어요. 손가락을 벤 아이가 자지러지게 울면서 온 걸 빼면 주인이 퇴근할 때까지 응급실에 온 사람이라곤 급체하거나 갑자기 열이 나서 온 경미한 환자들이었습니다.

"응급실에서도 친절할 수 있어요?"

"네? 퇴근하시지 않고 왜 갑자기 그걸 물으세요? 뜬금없이…."

주인의 질문에 응급실 간호사가 살짝 웃으면서, 농담하느냐는 듯한 표정으로 바라보았습니다.

"바쁜 응급실에서도 친절할 수가 있나요?"

"그럼요. 안 될 것도 없죠. 뭐 꼭 길게 말해야 친절인가요? 길에서 친구를 만났는데 바쁘다고 해서 불친절하게 말하는 사람 있나요? 말은 빨리 해도 말투가 부드러우면 되는 거죠."

"아, 그렇군요. 가능할 것도 같네요."

"호호, '같네요'가 아니라, 당연히 가능해요. 환사나 보호사가 빨리 봐달라고 난리를 쳐도 존칭이나 존대어 사용은 얼마든지 가능해요. 그게 불가능하다고 생각하는 사람은 환자한

테 늘 반말하는 게 버릇이 된 사람들이죠. 그걸 바쁘니까 짧
게 말한 거라고 변명하는 거예요."

"네, 그렇군요."

"친절하지 못한 건 사실 바빠서가 아니라, 상대를 무시하
기 때문이에요."

직원이 먼저 행복해야 한다

"저, 선생님."

"네?"

"다음 주에 하루 휴가를 내야 할 것 같아서요. 아이가 수술을 받게 되었어요."

"수술이요? 그런 일이 있었어요? 모르고 있었네요. 미안해요."

"아니에요. 우리 병원에서는 할 수 없는 수술이라서 그동안 대학병원에서 진행했거든요."

"하루만 휴가를 내면 되나요?"

"네. 수술 당일만 휴가를 내면 다른 날은 가족끼리 교대로 하기로 했어요. 마침 남편이 근무시간을 좀 조정했거든요. 할머니, 할아버지도 계시고요. 1주일이면 퇴원이 가능하니까 괜찮을 것 같습니다."

"네, 그러세요. 뭐 다른 일이 있으면 바로 말해줘요."

"네, 그러겠습니다. 저를 대신해서 옆방 정 간호사와 간호과장님이 수고해주시겠다고 했어요. 선생님 진료에 무리 없도록 조치해 두고 가겠습니다."

"알겠어요. 오늘은 이만 들어가세요."

진료가 끝나고 주인이 주변 정리를 하고 있는데 외래 어시스트 간호사가 휴가를 신청했다고 하더군요. 사실 환자가 좀 많다 보니 담당자가 자리를 비우면 다른 동료들이 힘이 들죠. 주인도 늘 손발을 맞추던 사람이 아닌 다른 사람과 함께 하려면 조금 불편하기도 합니다.

하지만 집안의 큰일이기도 하고, 평소 우리 병원의 분위기를 이끌어가는 문화 중의 하나가 '가정의 행복'입니다. 그래

서 조금 불편해도 서로 흔쾌히 돕는 분위기죠. 또 누구에게
나 언젠가 그런 일들이 생길 수 있으니 평소에 서로서로 돕
는 것입니다.

원장님은 늘 말씀하세요.

"가정과 직장 중에서 가정을 더 중시하세요. 여러분의 가정
이 편하고 행복해야 병원에 나와서도 건강한 마음으로 일할
수 있으니 그게 병원이 더 행복해지는 겁니다."

너무 당연한 말인데도 이 시대 경쟁사회에서는 조직의 성
장을 더 중요시하는 경우가 많습니다. 일반 기업체라면 특히
더 그렇죠.

하지만 그게 병원이든 아니든 그 속에서 일하는 사람들의
가정이 행복해야 직원이 행복하고, 그래야 조직도 더 행복하
게 될 것임에는 틀림이 없습니다.

우리 병원의 환자도 자신의 가정이 평안해야 회복이 더 빠
르다는 건 널리 알려지고 검증된 중요한 사실입니다. 지난번
치료비를 갚으러 왔던 화상환자의 경우를 봐도 그렇죠. 사고
후에 가족들이 연락을 끊는 바람에 오도 가도 못 하는 신세가

되었다가 치료도 늦어지고 결국 가족에게 버림받는 처지가
되어버린 그분 말입니다. 그 환자가 지난 세월을 찢어진 가슴
을 부여잡고 살았을 건 분명합니다.

일하러 가고 싶은 병원

매일 아침 진료 전, 주인의 어깨너머로 신문 보는 재미가 제
법 쏠쏠합니다. 오늘 아침 신문에서는 미국 벤틀리대학의 라
젠드라 시소디아 교수의 일성(一聲)이 눈에 띄더군요.

'금요일 저녁에 복권이 당첨되어도 월요일 아침에는 일하
러 가고 싶은 회사가 돼라'는 것이었습니다. 요지는 '직원들
에게 사랑받는 기업이 되어야 장기적으로 성공할 수 있다'는
것입니다.

병원에서는 '성공'이라는 말을 드러내놓고는 잘 사용하지
않습니다. 성공이라는 말이 물질적 풍요를 상징하는 것처럼
들려서 그렇죠. 하지만 환자와 의료계 양쪽에서 인정받는 곳
이라면 성공이라는 표현을 써도 괜찮지 않을까요?

사람도 개인에 따라 '성공'의 의미가 다르죠. 누군가는 돈

을, 누군가는 명예를 성공의 의미로 해석하니까요. 그런 기준으로 본다면 병원이 추구하는 성공은 명예에 가깝겠네요. 그렇기 때문에 성공했다는 병원은 사람들로부터 존경을 받을 수 있는 것이겠지요.

제가 지금까지 이곳에 와서 느낀 바로는 최소한 우리 병원은 일하고 싶은 병원입니다. 막강한 자본으로 무장한 큰 병원과 대학병원도 많지만, 그런 곳에서는 경험할 수 없는 일들이 우리 병원에 많이 있습니다. 그걸 '편안함'이라고 말하고 싶네요.

병원이든 다른 조직이든 크면 클수록 그만큼의 책임과 스트레스가 있죠. 하지만 우리 병원은 규모가 작은 편이 아님에도 아직 가족적인 분위기가 많이 풍깁니다.

가족적이라고 해서 풀어진 분위기라는 것이 아니라 마치 집에서 밥을 먹는 기분이라고나 할까요? 병원으로부터 충고를 들을 때도 집에서 밥상머리 교육을 받는 기분이 듭니다.

병원 식당에선 하루 종일 무료로 따뜻한 세끼 밥이 직원들을 맞이하고 있고, 저를 존중해주는 주인이 있으며, 직원들을 존중해주는 관리자가 있으니까요. 또한 늘 말단직원의 말 한 마디라도 들어주는 경영자가 있습니다. 의사와 직원들이 계속 발전할 수 있도록 해주는 교육제도가 있고, 직원의 안위를 걱정하는 병원의 복지제도가 있죠.

부모의 올바른 가르침 속에 든든한 형제 지원군들이 있고, 계속 성장하도록 나를 채찍질 해주는 곳. 내가 필요로 할 때 내 말을 들어주는 이곳이 바로 '즐거운 나의 집'이 아닐까요?

위대함으로 가는
작은 업적을 존중하라

'성공'이 '일'보다 먼저 나오는 유일한 곳은 사전뿐이다.
_아서 브리즈번

"와~, 축하합니다."

"그동안 정말 수고 많으셨습니다."

"모두가 합심해서 좋은 결과가 나왔어요."

오늘은 병실에서 작은 축하잔치가 있었습니다. 원장님과 의사 그리고 주요 직원들이 환자와 보호자들과 함께 했습니다. 잔치의 중심에는 이번에 완치 판단을 받은 20대 젊은 남자 환자가 있었습니다.

그러나 잔치의 주인공은 한 명이 아니었습니다. 주치의, 해당 병실의 담당 간호사 세 명, 검사실 직원, 주방 배식담당자, 병실 청결담당자 등이 모두 해당되었고 보호자도 같이 주인공이 되었습니다.

"여러분, 이번에 박 군이 완치 판단을 받고 퇴원을 하게 된 것은 주치의의 지침 아래 모두가 박 군에게 쏟은 정성 덕분입니다. 간호나 치료뿐만 아니라 음식이 중요한 박 군에게 항상 어머니가 해주시는 밥과 같은 따뜻한 음식으로 건강을 도운 영양사와 주방 조 여사님, 깨끗한 환경을 위해 힘써준 송 여사님도 모두가 자기 자리에서 최선을 다해 역할을 해냈기 때문입니다. 여러분의 노고를 진심으로 치하합니다."

원장님의 축하 인사가 끝나고 자리에 참석한 모두는 준비한 케이크와 떡을 나누어 먹으며 서로에 대해 감사함을 전했습니다.

병원 구석구석에서 눈에 띄지 않게 일하는 직원들의 노고까지 이렇게 드러내고 인정해주는 모습을 보니 직원은 물론 환자나 보호자들도 뭔가를 느낀 듯 합니다. '사람을 움직이고 싶다면 뭔가 느끼게 하라'라는 말이 생각나더군요. 병원들이 친절직원 선정이다 뭐다 하면서 각 부서 직원들의 노고를 공개적으로 치하하는 모습은 봐왔지만, 이런 분위기는 또 다른 느낌과 감동을 주었습니다.

병원이 의사나 간호사만 환자를 돌보고 일을 하는 곳은 아니니까 당연한 모습인 것 같아요. 이렇게 직접 대면하고 치하하니 어떤 직원이라도 건성건성 일할 수 없을 것입니다. 누구 한 사람이라도 '나 하나 눈에 안 띄면 그만이지. 내가 열심히 한다고 누가 알아주기나 하겠어?'라는 마음을 갖고 있다면 병원의 근간이 흔들릴 것입니다. 물론 의사의 역할이 가장 크겠지만 처방에 따라 움직여주는 일선 직원들도 환자의 생명을 살리는 훌륭한 파트너들입니다. 이들의 역할을 사소하게 여긴다면 아무리 똑똑한 의사라도 위대한 의사는 될 수 없을 것입니다. 마찬가지로 아무리 사람 살리는 병원이라도 좋은 병원이 될 수 없겠지요.

작아 보이지만 전혀 작지 않은, 오히려 크게 존중받아야 할 아주 큰 역할들이 병원 곳곳에 있습니다.

역할을 존중하라

'존중'은 병원이 흔히 사용하는 말입니다. 병원이란 환자의 존중을 최우선으로 해야 하는 곳이니 당연한 거겠죠?

대형 병원들은 가시적으로 '환자권리장전'이라는 것을 통해서 자신들의 환자사랑과 환자존중에 대한 숭고한 정신을 보여주고 있습니다. 생명존중, 인격존중, 인간존중 등의 표현을 빼놓는 병원은 없죠.

하지만 안타깝게도 대부분은 그것을 100% 지키지는 않습니다. 사람존중인지 질병존중인지 구분하기 힘든 상황들도 병원에서 종종 일어납니다. 저 역시 이 시점에서 느끼는 것 중 하나가 정신적 측면을 소홀히 하면 스스로 피폐해지는 느낌을 받는다는 것입니다. 아마 저뿐만 아니라 인생에 대한 고민을 한 사람이라면 모두 그럴 것입니다. 뭔가 되돌아보고 재충전할 수 있는 기회가 필요한 것 같습니다.

숭고하고 위대한 정신에 대해 다시 살펴볼 시간을 갖고 제 스스로 숭고한 목적을 향한 동기부여의 기회와 활력소를 찾고 싶어요.

그런 면에서 어제 본 경영 잡지에 실린 연구결과가 도움이 되네요.

『한 세차장에서 손님들에게 세차할 때마다 도장을 찍어주는 고객 카드를 나눠줬다. 이때 고객들을 두 그룹으로 나눴다.

첫 번째 그룹에는 8칸에 모두 도장을 채우면 1회 무료 세차권을 줬다. 두 번째 그룹에는 8칸이 아니라 10칸이 있는 카드를 줬다. 대신 이 카드에는 고객이 처음 받을 때 이미 두 칸에 도장이 찍혀 있었다. 두 그룹은 여덟 번 세차하면 무료 세차 기회를 얻는 것은 같았다.

몇 개월 후, 8칸이 있는 카드를 받은 고객 가운데 무료 세차권을 얻은 사람은 19%에 불과했다. 반면 10칸짜리 카드를 받은 고객 가운데 무료 세차권을 얻은 사람은 34%에 달했다. 저음부터 시작해야 한다는 느낌을 받은 첫 번째 그룹과 달리 두 번째 그룹은 목표의 20%가 이미 달성됐다는 기분이 들었기 때문이다.

사람들은 짧은 과정이지만 아예 처음부터 시작할 때보다

더 긴 과정을 밟더라도 일부가 완료돼 있을 때 더 크게 동기
부여를 받는다.』

이 내용을 보고 제 스스로에게 채찍질 할 수 있는 걸 마음
에 담아봤어요.

『첫째, 나는 처음부터 시작하는 것이 아니다. 과거에 이미
20%의 위대함을 갖추었다.

난 아주 훌륭한 일들을 해내왔다. 그 많은 환자들에게 싫
은 내색 한 번 없이 최선을 다하여 환자들의 소리를 들은 것
이 그 증거다.

둘째, 내일부터는 내 몸과 마음을 더 따뜻하게 유지할 것
이다.

환자의 몸에 닿을 때 환자가 놀라지 않게 하겠다.

셋째, 주인에게 더없이 훌륭한 파트너가 되자. 나 없으면
주인도 소용없다고 가끔 배짱을 부린 모습을 반성하자. 나에
게는 이미 20%의 성공을 이룬 큰 역할이 있다.』

끊임없는 연구정신을 존중한다

단순한 일도 인내심을 갖고 완벽하게 해내는 자만이
어려운 일을 해낼 수 있는 기술을 얻게 된다.
_요한 크리스토프 프리드리히 폰 실러

주인과 제가 이곳에 온 지도 이제 1년이 다 되어갑니다. 마침 그 날짜가 연말인 탓에 주인도 올 한해 있었던 일들과 생각들을 정리하고 생각에 잠기는 모습을 자주 보입니다.

올해는 정말 새 병원에 적응하느라 하루하루 바쁜 나날이었습니다. 그래도 제가 볼 때 주인은 기대 이상으로 많은 노력들을 해왔고, 더불어 저도 그런 주인의 뜻에 따라 열심히 했다고 생각합니다.

하지만 주인도 아쉬워하고 있는 게 있다면 아직 연구를 시작하지 못했다는 점입니다. 낯선 곳에 적응하느라 연구에 신경 쓸 겨를이 없었다고 충분히 변명할 수도 있겠지만, 그래도 마음이 편하지 않은 모양입니다.

신약 연구든 진단시약 연구든 뭐든 간에 그런 연구는 대학병원의 소관이라고만 생각해왔는데, 이 병원에서는 의사들에게 다양한 연구를 권장하고 독려하고 있습니다. 꼭 새로운 것이 아니더라도, 하물며 환자 대상의 리서치라도 꾸준히 해야 하는 것이 병원의 방침입니다. 환자의 상태 변화와 이에 따른 진료 지침, 치료 지침 등이 깊이 있게 연구되어 늘 새롭게 눈을 뜨고 있어야 한다는 의지를 보여줍니다.

외부에서 개발되어 들어오는 수술법이나 치료 방법만 쳐다보고 매달리는 것은 우리 병원의 정신에 부합하지 않습니다.

최근에 주인은 이런 생각들이 더해져 머릿속이 복잡한 모양입니다. '새로운 연구 아이디어를 낼 것이냐, 기존의 연구 결과에서 아이디어를 따올 것이냐'를 두고 고민하는 것 같기도 하고, 아예 색다른 방향으로 연구 제안을 할 생각도 하는 모양입니다.

“그동안 진료만 신경 쓰느라 내가 새로운 것을 고안해볼 생각은 별로 안 해봤는데, 이제 병원에 적응도 어느 정도 됐으니까 슬슬 준비를 해야 할 것 같아요.”

“그래, 너무 심각하게만 생각하지 말고 연구팀 선배들에게 가서 조언도 좀 듣고 생각해봐도 좋을 것 같아. 우선 담당하고 있는 환자들부터 면밀히 파악하는 것도 좋을 것 같은데….”

“네, 아무래도 그렇겠죠?”

주인은 병원에 있는 동문 선배에게 심각하게 고민 상담을 하는 모양이었습니다.

사람을 연구하고 사람과 협조하라

주인이 한동안 고민을 하는가 싶더니 작은 아이디어부터 실천할 모양입니다. 주인의 환자들은 주로 만성질환자라서 장기직으로 약을 복용하는 사람들이 많다 보니 이에 따른 합병증을 걱정하는 사람들도 많습니다. 먹는 약이 많아 꾸준히 복용하지 않는 사람도 있고, 때로는 부작용을 호소하는 사람도 있습니다. 그래서 주인은 동료인 정신과 선생과 함께 이들에 대한 연구를 하기로 했습니다.

또한 주인이 처방한 약을 조제하고 복약 지도를 하는 약사들과의 공조 연구도 시작했습니다. 이런 것들은 새로운 의료 기술은 아니지만 환자들의 치유를 위한 가장 가까운 주제들이기도 합니다.

다음으로는 이 환자들이 거쳐 왔거나 앞으로 가게 될 개인의원들과의 공조입니다. 병원과 의원 간의 협력 체제라고 할 수 있는데, 서로 발전할 수 있는 좋은 기회가 될 것 같습니다.

주인이 선택한 이 연구의 주제들에는 공통점이 있다는 게 보였어요. 바로 '사람', 즉 환자자체에 대한 연구라는 것입니다. 질병보다는 사람에 대해 먼저 연구해 보려는 태도가 느껴졌어요.

또 하나의 공통점은 그동안 모종의 갈등 구조가 있었던 개인의원이나 약국들과의 협력정신이 느껴진다는 것입니다. 개인의원은 몰라도 환자를 위해 약국과의 협력을 생각해보는 의사는 거의 없었을 것이라고 봅니다.

하지만 약에 문외한인 제가 봐도 이건 올바른 방향인 것 같아요. 주인의 환자가 온전히 치유되기 위해서 이 대상들이 협조를 해주지 않는다면 주인의 의료 전문성도 빛을 발하지 못할지도 모릅니다. 이 기회를 통해 의료계 집단 간의 작은 갈등이나 벽이 없어졌으면 하는 생각을 하는 모양입니다.

환자 입장에서야 당연하다고 생각할 거예요. 환자는 그 모든 곳을 찾아가 진단을 받고 치료를 위해 이들을 총체적으로 믿고 따라야 하니까 말입니다.

주인이 질병 중심의 사고에서 환자 중심의 사고로 변화가 된 것인지 아니면 적절한 연구 과제를 찾지 못해서인지는 아직 잘 모르겠지만, 오늘 오후에 들린 이야기로는 주인의 연구 주제가 병원에서 채택이 되어 다음 달부터 시작될 것이라고 합니다.

최근 수술실에서의 수술 방법 개선 연구로 주목을 끌었던 주인의 대학 동료와의 자존심 대결이 자못 기대되는군요.

Chapter.6

分 : 나누어라,
다시 채울 것이 생긴다!

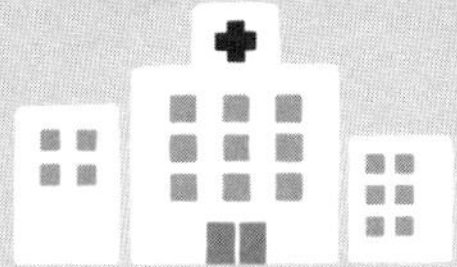

"나눔은 역사와 전통이 되어 돌아온다.
그 역사로 인해 다시 끊임없이 의술을 발전시킬 수 있다."

누가 베푸는 것이 아니라 함께 나누는 것이다

봉사란 우리가 삶에 대해 지불해야 하는 세금이다.
그것은 우리가 여가에 하는 일이 아니라 인생의 목적 그 자체다.
_마리언 라이트 에델만

'의술을 베푼다'라고 흔히들 말하죠. 그런데 베푼다는 것은 가진 사람이 가지지 못한 사람에게 뭔가를 제공한다는 의미가 크다고 봅니다. 또 베푼다는 것에는 대가를 생각하지 않는 의미도 같이 있다고 생각해요. 그래서 만약 대가가 따라온다면 베푼다는 의미가 좀 퇴색될 것 같아요.

고대 의학에서는 베푸는 정신의 의술이 행해지던 시기가 있었지만, 지금 세상에는 부르는 게 값이 되어버린, '의술의 가격'이란 게 '치료비' 명목으로 생겼죠. 그래서 의료 행위를

'의술을 베푼다'고 표현 하기에는 조금 어색해졌어요.

의료 봉사를 하는 것도 마찬가지입니다. 봉사를 일생의 업으로 알고 사는 사람들이 공통적으로 하는 말은 "봉사는 내가 가지고 있을 때 하는 것이 아니라 없을 때라도 내가 가진 시간과 노력을 들이는 것이다"입니다.

병원에서 하는 봉사활동도 이벤트성에 그치지 않았으면 합니다. 물론 안 하는 것보다는 훨씬 좋은 일이지만, 병원이 물질적으로는 가진 게 없을 때라면 의술만으로도 충분하지 않을까요?

그런 의미에서 우리 병원은 개원 이래 30년 동안 꾸준히, 같은 날에 봉사활동을 하고 있습니다. 개원 직후 정신없이 바쁠 때도 매주 목요일이면 꾸준히 지역 주민들을 위해 봉사해오고 있지요.

처음에 작은 병원이 그런 일까지 하기에는 만만치 않았겠지만, 이것을 이끈 원동력은 역시 '환자에 대한 사랑'과 '우리가 가진 의술을 함께 나눈다'는 병원의 정신입니다.

궁극적 목적이 있는 사람은 누구나 과정 속의 고통과 어려움을 잘 극복해냅니다.

베푼다고 생각하면 거만해집니다. 하지만 나눈다고 생각하면 가슴이 따뜻해집니다.

보람으로 힘듦을 이겨낸다

봉사활동이 많아지면 자연히 직원들이 할 일이 많아져서 바쁜 것은 사실입니다. 하지만 다행히도 직원들이 부담스러워하거나 짜증내지 않고 즐거워하기 때문에 이런 문제로 병원이 불협화음을 내는 일은 거의 없습니다.

지난 주 토요일만 해도 병원 앞마당에서 작은 바자회가 열렸습니다. 직원들이나 병원의 지인들, 심지어 환자들도 물품을 기증하여 바자회를 개최했지요. 오전에 잠시 이루어졌을 뿐인데도 꽤 많은 수익금이 생겼어요.

우리 병원의 직원이나 환자들이 이런 행사에 적극적으로 참여할 수 있는 배경 중의 하나는, 그 공을 병원이 갖지 않고 직원들과 환자들에게 돌린다는 것입니다. 예를 들면, 바자회의 수익금을 환자 이름으로 기부합니다. 이를 통해 환자들은 자신의 병을 잠시 잊고, 나눔으로써 본인이 아직 건강하고 살아 있다는 느낌을 갖게 됩니다.

직원들은 병원의 이런 모습에서 의심과 거짓 따위는 전혀 찾아볼 수 없다고 말하죠.

그렇습니다. 사실 이런 일들은 직원들이 준비하고 환자들이 동참해서 이루어진 일이니, 그 공도 당연히 그들에게 돌아가는 것이 맞습니다. 그러니까 동참을 해도 즐겁지 않겠어요?

우리 병원 직원들은 이런 일들로 인해서 더욱 화합하는 것 같습니다. 다람쥐 쳇바퀴 돌아가는 것 같은 일상 속에서 이렇게 보람을 느끼는 자리가 마련되면 모두에게 신선함과 삶의 활력을 줄 수 있으니까요.

토요일 바자회 행사에서는 입원 중인 환자들도 잠시 내려와 판매를 돕고 기증받은 떡을 먹으며 서로 즐거운 덕담을 나누었습니다. 어찌 보면 이런 나눔도 환자를 치유하는 정신적 수단이 되지 않을까 하는 생각이 듭니다.

'난 아프지만 외롭지 않다. 아직은 건강하다. 나도 남을 도울 수 있다'는 느낌을 얻음으로써 엔도르핀이 팍팍 나올 것 같아요.

언론 보도에서 유명 인사들의 인터뷰를 보면 "봉사활동을 통해서 오히려 내가 더 깨닫고 성장했다"는 말을 많이 하는데, 그게 바로 이런 느낌이 아닐까요? 꼭 유명인이 아니라도 평소에 우리가 봉사활동 다니면서 느낄 수 있는 것들이죠.

베푸는 것이나 나누는 행동을 특별히 여유가 있는 사람들의 특권처럼 여겼던 적도 있습니다. 하지만 지금은 생각이 달라졌지요. 가진 게 없는 사람 같아도 나눌 것이 있고, 그 방법도 무궁무진하다는 사실을 알았습니다.

그러고 보면 병원은 참 행복한 곳입니다. 일부러 찾지 않아도 나눔을 실천할 수 있는 바탕이 언제든지 튼튼하게 마련되어 있으니까요.

역사 속, 나눔의 전통을 세워라

어제는 밖으로 의료 봉사를 다녀오는 바람에 미처 일기를 쓰지 못했습니다. 좀 피곤하더군요. 주인이 당번인 날에 다녀왔지만, 어제는 환자들이 많아서 귀가 좀 아팠어요.

평소와 달리 어제는 한방병원과 협진 봉사를 했습니다. 그러다 보니 환자도 많았고요. 그 한방병원이 30년 이상 노인성 질환 환자를 대상으로 의료 봉사활동을 해왔는데, 얼마 전에 함께 협진 봉사를 하자는 제의를 했어요. 당연히 우리 병원에서는 흔쾌히 수락했죠.

늘 병원 밖으로 봉사활동을 다녀왔지만 한방 치료도 겸해 주기를 원하는 환자들의 요청이 있어서 방법을 고민하던 중이었습니다. 협진을 한 한방병원은 오랫동안 의료 봉사를 해왔을 뿐만 아니라, 환자의 경제적 형편에 따라 병원 내에서 무료 진료도 이루어지는 곳이더군요. 봉사란 멀리 있는 게 아닌데 의료 봉사라고 하면 으레 외부로 나가 마치 행사하듯이 해야 하는 것이라고만 생각해온 제 자신이 부끄럽네요. 전혀 생각지 못한 건 아니지만 이런저런 사정으로 병원 안에서는 힘들다고만 생각했거든요. 그런데 해내는 병원이 있는 걸 보니 못 할 일도 아닌가 봅니다.

맞아요. '안 된다, 안 된다' 하는 사람에게 기회란 있을 수가 없겠죠. 원장님들의 대화를 들어보니 정말 병원이 사회적으로 큰 역할을 해야 할 것 같아요.

"돈을 생각하면 절대 이렇게 못 합니다. 돈을 따라가면 안 됩니다. 우리가 진심으로 베풀 때 그것은 돈이 아니라 역사와 전통이 되어 돌아옵니다."

"그 역사로 인해 끊임없이 의술을 베풀고 발전시킬 수 있는 것이죠."

"그렇습니다. 우리의 정신을 전파할 시간과 공간이 생기는 것이지요. 그것이 없다면 우린 의사가 아니라 다른 일을 하고 있겠죠."

"죽으면 호랑이는 가죽을 남기고 사람은 이름을 남긴다고 했지만, 병원은 죽으면 안 됩니다. 늘 살아있어야 해요. 봉사를 통해 우리가 살아있음을 느껴야 합니다."

병원의 정신문화를 나누어라

나눔의 현장을 계속 따라다니다 보니 봉사라는 것도 정말 제가 건강해야 할 수 있겠다는 생각이 많이 듭니다. 병원 안에서 할 때와는 다르게 밖이라는 점 때문에 힘든 게 사실이거든요.

저는 병원이 가져야 할 건강의 3요소를 '정신적, 사회적, 육체적 건강'으로 나름 정의해봤는데, 어떤 경우이건 이 3요소가 딱 맞아떨어지더군요. 그렇기 때문에 나눔 활동에서 항상 드는 생각은 '의술의 정신을 바람직하게만 사용하고, 왜곡하지 않고 올바른 모습으로 전달한다고만 해도 상당한 사회적 건강을 유지할 수 있을 것'이라는 겁니다.

보통은 나눔의 활동을 할 때 주로 의료 봉사활동이 이루어지고 있어 병원이 가진 의술만을 나눈다고 생각할 수 있지만, 사실은 의술이 가진 '위대한 정신'을 나누는 것임을 강조하고 싶어요. 인간에 대한 사랑을 놓고 보면, 의술이나 병원이 웬만한 종교보다 못할 것이 전혀 없다고 생각해요.

가끔 정직하지 못한 모습들이 그런 정신을 다소 왜곡하거나 가식적인 것으로 매도할 수는 있지만, 어쩌면 사람들은 오랜 역사와 전통 속에서 그 정신이 전해준 것을 더 그리워하고 있을지도 모른다는 생각이 듭니다.

누가 말했는지는 잘 모르겠지만 '의술은 때로 인간의 사랑보다 더 큰 사랑을 베푼다'는 말을 들은 적이 있습니다. 때때로 사람들은 '사랑한다'는 말보다 단 한 번 의술의 손길을 바라기도 하잖아요. 여기에 우리의 숭고한 정신이 보태진다면 진정 위대한 정신을 계승할 수 있을 것 같아요.

사회적 건강은 병원이라는 유기적 조직체가 오히려 의술보다도 더 힘써야 할 부분인 것 같습니다. 병원이 사람들로부터 순수하게 존경받을 수 있으려면 바로 사회적 건강이 필요합니다. 육체적으로도, 전통을 살린 정신적인 부분도 건강한데, 사회적인 건강이 부족한 병원들이 간혹 있어서 우리를 당혹하게 하기도 합니다.

이렇게 생각하다보니 병원이 완벽한 존재가 되어야 한다는 섣부른 생각이 드는데, 이 사회를 이끌어갈 선봉에 서는 존재 중의 하나가 병원이라면 능히 그것을 해내야 할 것 같습니다. 가장 숭고한 인간사랑을 실천하는 정신문화의 위대한 유산을 사회의 모든 사람들에게 전파했으면 합니다.

우리 환자,
우리가 먼저 챙기기

모처럼 주인과 함께 출장길에 올랐습니다. 병원의 출장이란 학술대회 아니면 의료 봉사활동이 대부분이지만, 여느 때와 달리 오늘은 특히 즐겁습니다. 답답한 병원 진료실과 주인 호주머니를 떠나 공기 좋은 곳으로 왔거든요.

저는 지금 제주도의 푸른 밤을 만끽하고 있습니다. 너무 행복해서 눈물이 날 지경이네요. 병원에서 일하면서 일 때문에 제주도에 오는 건 흔한 일이 아닙니다. 하지만 전 당당히 일 때문에 왔습니다. 눈치 보지도 않고 아주 당당하게요.

오전에 도착해서 한 일은 제주도에 거주하는 우리 병원 환자들을 만나는 것이었습니다. 신경외과 선생님, 우리 주인, 간호사 1명, 물리치료사 1명, 이렇게 네 분이 왔습니다.

아시다시피 우리 병원의 환자 고객층이 전국적으로 분포되어 있다 보니 이런 식으로 환자를 만나는 일이 생깁니다.

환자들은 수술이나 퇴원 후에도 재발 방지를 위해 지속적으로 병원에서 검사와 관리를 받아야 합니다. 하지만 모든 환자들이 일일이 시간을 내 병원에 오는 건 절대 쉬운 일이 아닙니다. 게다가 질병의 특성상 한 번 움직이기 힘든 사람들도 많아요.

이런 이유로 병원에서는 환자의 사후 건강관리 차원에서 직접 방문하여 진료하는 프로그램을 만들었습니다. 주로 거동이 힘든 환자들이나 너무 먼 지방이라서 오기 힘든 사람들이 대상입니다. 그래서 도시 거주자들보다는 아무래도 시골에 사는 분들이 많아, 봉사팀이 한 번 움직이는 것도 쉬운 일은 아니지요. 하지만 모두 사명감 하나로 임하고 있습니다.

그런 면에서 동료들에게 미안한 마음도 들어요. 지난달에

갔던 팀은 전라도 신안 앞바다에 있는 섬마을로 다녀왔거든요. 목포항에서 3시간 배를 타고 들어가는 곳이라네요. 1박 2일이 기본이고 2박 3일이 아니면 진료도 못 보고 올 정도라고 합니다. 정말 사명감이 없다면 할 수 없는 일일 것입니다.

봉사가 상호 나눔의 장이 되다

그렇다고 그냥 가볍게만 다녀온 것은 아닙니다. 환자들을 직접 방문해보니 형편들이 넉넉하지 않았습니다. 수술비와 병원비로 많은 돈을 지불하다보니 그렇기도 하고요. 하지만 무엇보다도… 돌아올 때 양손 가득히 농산물을 들고 왔으니까요. 하하!

가가호호 방문 봉사활동을 마치고 돌아오는 길에 환자분들이 직접 농사지은 채소와 과일, 고기까지… 정말 푸짐하게 들고 왔습니다. 거절을 해도 고맙다며 한사코 주시더군요. 덕분에 병원에 돌아오는 대로 주방에 전달하고 식사시간에 서로 나누어 먹었습니다.

먹는 도중에 주인의 코끝이 살짝 빨개지더니, 콧물 한 방

울을 휴지에 닦더군요. 주인도 시골 출신인데, 아마 부모님 생각이 났나봅니다. 식사가 끝나자마자 시골로 전화를 하더군요.

"어무이, 잘 계시지예? 아부지는 좀 어떠시고예? 예, 예…. 점심 잡수셨어예? 예, 예…. 이번 주에 집에 내려갈께예. 들어가이소."

봉사활동 덕분에 오랜만에 주인 사투리, 멋지게 들어봤습니다.

글을 쓰는 이 시간, 문득 그런 생각이 드네요.

'우리는 왜 가까이 있는 사람한테 먼저 봉사할 생각을 못 하고 살았을까?'

주인의 옛날 이야기를 들어보면 대학 시절 봉사활동 한다고 돌아다니는 걸 보고 주인의 부친이 가끔 "이눔아, 부모한테 그리 좀 해봐라"라고 농담을 하셨다는데, 그 말씀이 맞는 것 같습니다. 부친이 건강해서 다행이지 아프시기라도 했으면 정말 뼈아픈 말씀이 됐을 테니까요.

병원들도 보면 어느 곳이나 의료 봉사활동을 많이 하지만 행사성에 그치는 곳도 많고, 외부에 보여주기 형식이나 정치적 목적으로 봉사를 선택하는 곳도 있습니다.

하지만 멀리서 찾을 것이 아니라 바로 내 환자부터 먼저 챙기는 것이 옳다는 생각이 듭니다. 내 가족 내가 먼저 챙기는 것이 의무 아닐까 하는 거죠. 게다가 이것은 일방적인 봉사도 아니고 서로 마음의 정을 주고받으니 얼마나 즐거운 일인지, 봉사를 해도 억지로 했다는 생각 없이 정말 풍요로운 경험이었습니다.

병원들은 의료 신뢰도 때문에 완치율을 높이고자 많은 노력을 합니다. '내 환자 내가 먼저 챙기기'는 이런 목적에도 부합해, 충분히 그 성과를 내는 것 같습니다.

'내 환자를 위해 소중한 시간 만들기, 먼 길 마다하지 않기, 내 환자가 보내주는 마음의 정 받기'

이런 것들이 자칫 삭막할 수도 있는 병원을 더욱 따뜻하게 만들어주는 요소인 것 같습니다.

직원들과 먼저 나눈다

나의 내면과 외면의 삶은
현존하거나 이미 고인이 된 다른 사람들의 수고 덕택임을 잊지 않는다.
_알베르트 아인슈타인

오늘 3명의 남녀 대학생이 병원을 다녀갔습니다. 주인이 원장실에서 원장님과 대화를 하고 있었는데, 비서실에서 손님이 왔다고 하더군요. 주인과 원장님은 잠시 후에 다시 보자는 약속을 하고 손님을 맞았습니다.

처음에는 환자들이 온 줄 알았습니다. 그런데 손님은 학생으로 보이는 젊은이 3명이었습니다. 그들을 맞이하는 원장님의 표정이 어찌나 밝던지! 원래 밝은 분이지만, 평소보다 더 밝아 보였어요. 그래서 자제들이나 조카들이 온 줄 알았는데, 아니더군요. 손님들에 이어 우리 병원 관리부장님과 소아과장님, 약국장님이 들어왔어요. 그분들의 표정도 좋아 보였습니다.

"어서 와요. 그래, 이번에 다들 졸업이구나. 물론 공부들은 열심히 했겠지? 하하."

"네. 열심히 했습니다."

전 혹 장학금이라도 전달하려고 그러는 줄 알았습니다. 가 끔 병원에서 그런 경우가 있어요. 소년·소녀가장 돕기나 우 수학생 장학금 지원 사업 같은 거요.

그 정도는 눈치를 채고 주인과 방을 나서는데, 비서실 직원 이 "우리 병원에서 대학 등록금 받고 학교 다녔던 학생들이에 요"라고 하더군요. 거기까지는 제 생각이 맞았는데, 제가 미 처 눈치채지 못한 게 있어요. 그 학생들은 같이 참석한 분들 의 자제들이라는 겁니다.

"우리 병원은 직원 자녀들의 등록금을 지원하고 있어요. 중 고등학생은 물론 대학생까지요."

"대학교까지요?"

"네. 아직 그 나이의 자녀가 없어서 모르셨죠? 참, 유치원 비용도 일부 지원되니까 좀 있으면 대상자가 되실 거예요. 그때 신청하세요."

"특별히 몇몇 학생에게 만요?"

"아니요. 전 직원에게 해당되는 복지혜택이에요."

"아, 네… 근데 비용이 만만치 않을 텐데요? 난 대기업에서나 하는 줄 알았는데, 우리 병원 규모에서도 이런 복지가 있군요."

"우리 병원의 나눔 실천은 직원부터 출발해요. 대개는 환자 대상의 의료 봉사가 나눔의 전부라고 생각하지만 우리 병원은 좀 다릅니다. 그리고 비용이 그렇게 많이 들어가는 건 아니에요. 아직 대학생 자녀를 둔 직원들이 그리 많지도 않고요. 애사심을 높이기에 이만한 것도 없죠. 직원들도 자녀들도 병원에서 계속 일을 하게 되면 병원에 더욱 열정을 바치게 되니까요."

오늘 한 가지 또 배웠어요. 정말 나누어야 할 곳이 어디인지 아는 건 아주 중요한 것 같습니다.

사람에게 재(材)테크 하세요

　예전 병원에서 주인이 휴가를 써야 할 때가 종종 있었어요. 부인이 임신 중이었기 때문에 좀 힘든 일들이 있었거든요. 그런데 그 휴가를 쓰기가 만만치 않았어요. 주인 입장에서는 눈치가 보여서 휴가 쓰기가 불편했고, 그러다 보니 부부싸움이 나기 일쑤였어요. 첫 페이 닥터가 된 병원이었으니 바쁘기 짝이 없었고, 한창 예민해져 있는 부인까지…, 우리 주인에게는 수련 시절 이후로 다시 찾아온 피곤한 나날이었어요.

　"그럼 내가 병원이라도 그만둘게. 이제 됐어?"

　"누가 그만두래? 병원 일 조금만 조정해주면 좋잖아. 생명을 다루는 병원에서 생명을 가진 직원을 이렇게 소홀히 대해도 되는 거야? 그깟 휴가 하루 쓰는 데도 눈치 주고…."

　유독 몸이 약하고 예민한 부인 때문에 전화로 옥신각신하는 모습을 자주 봤죠. 주인이 퇴근을 하면 전 병원 서랍 속에서 자니까 부인 모습을 본 적은 없지만, 부인 말이 옳았어요. 둘 다 고향이 멀리 떨어져 있다 보니 도와주실 부모님도 자주 오지 못했죠. 그래서 더 힘들었고요.

최근에도 부인이 둘째 아이를 임신하는 바람에 우리 주인이 또 바짝 긴장을 하고 있던 터였습니다. 그런데 요즘은 전보다 태연하더라고요. 둘째니까 경험이 있어서 그런가보다 했죠. 물론 그런 이유도 있었지만, 평소 원장님의 지론 때문에 주인이 더욱 마음이 편한 것 같습니다.

"여러분의 가정이 평화로워야 우리 병원도 잘됩니다. 병원의 억지스런 규정 때문에 직원들이 불행하지 않게 하세요. 규정에 어긋나면 안 되지만, 규정에 맞는 것은 충분히 제도를 활용하고, 예외적인 사항이 있다면 각 부서장들이 판단해서 가정으로부터 소외되는 직원들이 없도록 하세요."

지난 개원 기념일에 다시 한 번 강조하신 '직원들의 사생활 존중, 가정의 평화'가 우리 주인을 편하게 만들었나 봅니다.

사실 지금의 병원에서는 이뿐만이 아니라 여러 가지로 직원들의 사생활 보호에 집중하고 있습니다. '회식 일정 억지로 안 잡기', '주 1회 정한 가정의 날에 일찍 퇴근하기', '자녀 키우기 좋은 병원 만들기' 등 그 모토도 많습니다.

어떤 병원에서는 그래요.

‘이리저리 직원들한테 돈 들이면 그게 낭비다. 직원이 나가 버리면 그만이니까. 아까워서 어쩌냐?’

그래서 베풀기를 꺼려하죠. 하지만 그런 병원에는 이런 말을 해주고 싶어요.

“공룡이 먼저 베풀어야 작은 새도 날아와서 먹이를 먹는다.”

그것은 비용이 아니라 투자라는 인식이 필요할 것 같아요.

돈만 재(財)테크 하지 말고, 사람에게 재(材)테크 하세요.

협력과 상생의 정신을 나눈다

인간의 가장 위대한 업적은 생각과 열정의 교류에서 이루어진다.

_토머스 J. 왓슨

우리 병원에 의료 견학팀이 많이 온다는 건 알고 계시죠? 직원들은 즐거우면서도 힘들어하는 게 사실입니다. 경영층의 방침을 잘 따르고 있지만, 그래도 힘든 건 힘든 거니까요.

그래서 병원에서도 요즘은 견학 스케줄을 좀 줄이고 있습니다. 오겠다는 병원을 막는 건 아니고, 날짜를 좀 연기해서 매월 오는 팀을 줄이고 있는 거죠. 직원들은 때때로 "이제 그만 공개하자. 이 정도면 할 만큼 했다"며, 견학팀 방문 신청을 이제는 받지 말자고 합니다. 이런 문제들 때문에 회의가 열리지만, 늘 결론은 "그래도 다시 해보자"입니다. "우리가 노하우를 공유하지 않아도 언젠가는 다 알게 되는 것이고, 우리가 공유해야 대한민국 의술도 발전한다"라고 한마음 한뜻으로 결론을 내립니다. 결론이 이미 정해진 그런 회의죠.

옛 고전을 통해서도 알고는 있지만, 사람이 대의(大義)를 위해 자신의 것을 내놓는 건 절대 쉬운 일이 아닙니다. 대의보다는 당장의 이익을 먼저 생각하게 되니까요. 그래서 좀 감추어 두고 싶은 게 사람 욕심입니다.

하지만 아무리 오래 숨겨봐야 3년입니다. 100년을 내다보는 병원이 그 3년을 아끼려고 폐쇄적이 된다면 결국 다른 이들로부터 소외될 것입니다. 3년만 하고 문을 닫겠다는 병원이 있다면 모르겠지만, 우리 병원 같은 곳은 그럴 수 없는 겁니다.

서당 개 3년이면 풍월을 읊는다고 했던가요? 저도 지금의 병원 생활 1년이 다 되어가니 누군가의 말을 빌리지 않아도 스스로 깨닫는 일들이 점점 많아지네요.

의술의 궁극적인 대상은 사람이지만, 그와 함께 의술을 베푸는 대상이 같은 분야의 다른 병원이 될 수 있다는 것도 이제는 알게 되었어요. 처음에는 의식적으로 익히려 했는데 지금은 저의 가치관이 된 것 같습니다. 역시 사람은 좋은 선배를 만나야 합니다. 그게 사람이든 병원이든 말이죠.

좋은 충고도 자기 혼자만 가지고서 베푸는 것으로는 부족합니다.

'위대한 것은 같이 나눔으로써 완성되는 것'이 아닐까 생각해 봅니다.

다른 이의 성장을 도와라

그저께 주인을 따라 한 대학병원에 갔습니다. 그곳에서 주관한 세미나가 열렸는데, '상호 공유의 정보문화'와 관련된 주제였습니다.

그 자리에서 알 수 있었던 것은 규모가 큰 대학병원일수록 환자나 직원들과 공유할 수 있는 정보의 통로를 폐쇄적으로 운영하거나, 그런 통로가 아예 없다는 것이었습니다. 그 대학병원이 발표한 정보 공유의 사례들은 우리 병원 입장에서 보면 호랑이 담배 피우던 시절의 이야기 같았다고나 할까요?

'환자와의 커뮤니케이션을 어떻게 할 것인가' 등에 대해서 잘 알고는 있는데, 정작 소프트웨어가 전혀 뒷받침되지 않고 있더군요. 불량 환자들이나 불합리한 요구에 대해 문제가 발생할 소지가 있어서 그렇다고 하는데, 그건 표면적인 이유인 것 같고, 속내는 귀찮은 일을 만들고 싶지 않은 병원의 편의주의적인 발상인 것 같습니다.

이미 좋은 병원의 문화를 경험한 저에게 그런 것은 신뢰할 근거가 없었습니다. 천만다행으로 한 대학병원이 환자의 소리를 인터넷 홈페이지에서 공개적으로 운영하고 있어서 그나마 체면을 좀 유지할 수 있었습니다.

우리 병원에서 경험한 것도 그렇고 다른 병원 사례를 봐도 재미있는 공통점 한 가지는 병원이 마음을 열면 열수록 환자나 직원들 역시 마음을 열게 된다는 것입니다. 그 과정이 좀 힘들지만 우호적인 결과가 나타나더라는 거죠. 직원들에게 '뭘 모르면서 알려고 하지도 않아?'라고 말하기 전에 병원 운영과 관련된 것을 먼저 알려주고, 그에 대한 직원들의 생각을

찬찬히 들어본다면 좋을 것입니다.

다음 달부터 병원에서는 원내 인트라넷이 개통된다고 합니다. 다른 곳에 비해 좀 늦은 감이 없잖아 있습니다. 어쩌면 그동안 의견 교환의 통로가 충분했기 때문이라고 봅니다. 인트라넷의 필요성을 느낄 수 없을 정도로 원활했던 거지요.

앞으로는 일방적이었던 이메일 통보 대신 직원들 간에도 온라인을 통해 의견을 주고받고, 거기에 더 좋은 아이디어들이 더해져 병원의 발전을 도모할 수 있을 것 같습니다. 누가 서로 아이디어를 먼저 냈다고 우선순위를 따지는 일 없이 서로서로 돕는 모습에서 자못 흐뭇함을 느낍니다.

우리 병원 기획부서는 이런 면에서 참 편한 부서입니다. 이렇게 좋은 경영의 아이디어들을 언제든지 들을 수 있으니 일거리를 찾기 위해 골머리 썩을 필요 없으니까요. 가장 좋은 경영 아이디어가 '다른 사람의 성장을 돕는다'는 정신에서 나온다는 것을 다시 확인하는 기회였습니다.

열정을 나누면
위대함이 따라온다

역사를 보면 모든 위대하고 당당했던 순간들은 열정의 승리였다.
_랠프 월도 에머슨

"늘 즐겁게만 일하고 싶다면 병원에 돈 내고 다녀라."

선배들이 자주 하는 말이에요.

"즐겁게만 일하고 싶으면 즐거움에 대한 값을 지불해야지. 안 그래? 아픈 환자들 대하다 보면 힘든 게 당연해. 하지만 그건 너 스스로 선택한 결과니까 피하려고 하지 마라. 피하는 건 병원을 떠나야 가능할 거야"라며 호통을 칩니다.

사실 뭐 제가 병원을 떠난다는 건 상상할 수도 없죠. 그건 곧 살아야 할 가치가 없어진다는 것과 마찬가지니까요. 제가

돈을 내고 병원에 다닌다면 그건 ‘즐거움을 돈으로 살 수 있다’
는 이야기가 되는 것 같아 선배에게 물어보았습니다.

"선배님, 병원이 존경심이나 권위를 돈으로 살 수 있는 것
입니까? 자본의 힘만 있다면 그게 가능한 걸까요?"

저의 당돌한 이 질문에 선배는 팀 하포드(영국의 유명 저널리
스트)의 말을 빌려서 대답해주더군요.

"진기야, 네 삶의 목표가 환자나 국민들에게 존경과 사랑을
받는 것이냐? 인생의 목표를 직접적으로 추구하는 건 그다지
현명한 일이 아니야. 오로지 행복만을 추구한 사람이 오히려
좀처럼 행복해지지 못한다는 데 대해서는 많은 사람들이 공
감해. 왜냐하면 행복의 눈높이가 자꾸 높아지거나, 행복만을
추구하니까 아직 멀었다고 생각하게 되기 때문이지. 오로지
돈을 추구하는 사람이 그리 부자가 못 된다는 것은 그렇게 분
명한 사실은 아니다. 그러나 돈만 추구하는 사람은 다른 사람
들로부터 신뢰를 못 받는다는 점은 분명해. 돈에만 집착하는
사람과 누가 함께 일을 하고 싶어 하겠니? 빌 게이츠의 자서
전을 읽어봐. 거기에는 돈에 집착한 사람이 아니라 컴퓨터에

푹 빠진 사람의 이야기가 나와. 과거 일본의 가전회사 소니는 지나치게 이윤만 추구하지는 않겠다고 했어. 그런데도 1980년대에 세계적인 가전회사를 일구어낼 수 있었지. 반대로 엔론처럼 오로지 이윤만을 추구한 회사는 완전히 망했어. 내가 하고 싶은 조언은, 인생에서 너의 열정을 좇으라는 거야. 그리고 그 밖의 모든 것들이 너에게 오도록 만들어야 해. 존경, 부와 명예, 행복은 모두 좋은 것들이지만, 그것들은 네가 추구한다고 해서 받을 수 있는 건 아니야. 부를 좇는다고 부자가 되는 게 아니고, 존경심이나 권위만 움켜쥐려 했다가는 더 불행하게 될 수도 있어. 그러니 너의 열정을 좇아. 그러면 존경과 권위, 명예, 행복이 따라올 거야."

위대함은 돈으로 살 수 없다

환자들의 맹목적인 존경을 바라던 저는 선배의 심각하다면 심각한 조언을 듣고 살짝 위축이 되어 있었습니다. 그러던 차에 잡지에 실린 한 기사를 보게 되었어요.

영국 워윅 대학교 교수인 경제학자 앤드루 오스왈드가 나이, 소득, 건강, 결혼 여부 등의 정보로 '삶의 만족도'를 측정해 돈으로 환산한 결과가 있더군요. 결론 중의 하나는 미혼인 사람이 결혼한 사람 만큼의 행복감을 가지려면 1년에 1억 3,000만 원 정도의 소득이 더 있어야 한답니다.

원하던 분야에 대해 사람들이 행복감을 느끼기 위해서는 너무 많은 돈이 든다는 것입니다. 결론은 그 어떤 경제적 성공보다 건강이나 인간관계를 우선시하는 것이 현명하다는 거죠.

병원에 대입해보자면 병원의 정신적, 사회적 건강을 먼저 생각하고, 병원과 관련해서 발생하는 인간관계를 우선시한다면 존경심과 권위가 저절로 따라와 이를 통해 더 큰 행복감을 느낄 수 있을 것입니다.

그동안 계속 일기를 쓰면서 고민해본 결과, 제가 저의 미션을 충실히 따라야 한다는 것에 많은 공감을 느껴왔어요. 그리고 한 가지를 더한다면 결국은 열정을 좇아야 한다는 것인데, 저는 선배의 조언을 조금 더 발전시켜 '열정을 나누어야 한다'는 데 중점을 두고 싶어요. 바로 병원이 다양한 경로를 통해 나누고 베푸는 모습들이 사실 의술과 모든 의료인들이 가진 미션과 열정을 나누는 수단이 아니었습니까?

마지막으로 다시 한 번 히포크라테스의 정신을 담은 책을 펼쳐봐야 할 것 같습니다. 거기에 지금 제가 고민하는 것이 아주 간단하고 명확하게 담겨 있으니까요.

여러분도 한번 찾아보세요. 거기에 있습니다. 그것이 지금 우리가 할 수 있는 최고의 모습일 것입니다.

Chapter.7

위대함은
도전하는 자의 몫

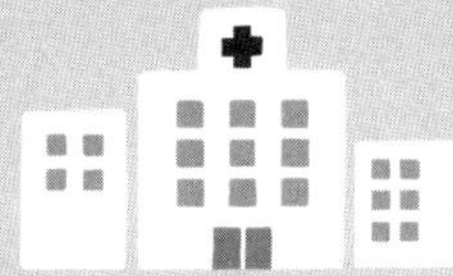

위대한 전통을 만들어야 한다

제가 지금 이 병원, 그러니까 우리 병원에 온 이후로 계속 일기를 쓰고 있다는 건 알고 계시죠? 모르신다고요? 에이, 지금껏 훔쳐보셨으면서….

읽으면서 아셨겠지만 감정이 담긴 내용은 아니죠. 사실을 쓰고 있을 뿐이니까요.

그런데 쓰다 보면 되돌아보게 되고, 되돌아보면 느끼게 되면서 이성적인 사실이 감정적인 느낌으로 둔갑할 때도 있더군요. 병원에 있다 보니 사람들이나 동료들과의 관계에서 그런 것을 많이 느낍니다.

우선 제가 하는 일이 바로 아주 이성적인 일입니다. 저는 정확하게 환자의 소리를 있는 그대로 제 주인에게 들려주어야 합니다.

환자들마다 다양한 소리를 가지고 있습니다

쿵쿵, 쿠쿠, 궁궁, 쌕쌕, 꾸룩꾸룩….

소리를 듣고 판단하는 건 주인의 몫이지 제 역할은 아닙니다. 제 역할에 충실해야지, 주인의 역할까지 넘보아서는 안 됩니다. 그것은 역할을 넘보는 수준이 아니라 결국 제 일에는 소홀하게 되는 결과를 낳습니다.

하지만 그 이성적 소리에 감정이 실려있는 걸 느끼고, 제가 주인에게 전해줄 때도 감정을 담아서 전할 때도 있습니다. 주인이 그 소리에 감정을 담기도 하고요. 제가 역할을 다했다고 생각했지만, 그건 착각이었을 수도 있는 겁니다.

저의 조상들은 지금의 제 모습에 비하면 훨씬 환자들에게 몹쓸 존재였습니다. 몸에 닿으면 환자들이 기겁을 했죠. 그 차가움에 환자들이 검사 결과를 듣기도 전에 겁부터 먹었습

니다. 제법 두려운 존재였죠. 그래서 자만심도 조금은 발동을 했습니다

그렇지만 그건 오래가지 않았습니다. 그런 모습의 조상들은 점차 외면당하기 시작했어요.

누가 차가운 손길과 거만함으로 가득 찬 존재를 좋아하나요? 좋아하지 않았죠.

그렇게 저의 조상들처럼 굴었던 병원도 하나둘 떨어져나가기 시작했습니다. 환자들이 거부하면서 문을 닫은 거죠.

저의 차가운 조상들도, 환자에게 진지하지 못한 병원들도 퇴출당했습니다. 이들은 제대로 된 전통 한번 만들어보지 못하고 여기서 맥이 끊어진 것입니다.

위대한 병원의 전통

요즘은 자본이 많지 않으면 병원을 키울 수가 없어서 힘들다고 하지만, 병원을 키우는 것이 위대한 병원을 만드는 출발점은 결코 아닙니다. 병원의 규모로 위대한 병원을 정의하기보다는 전통을 보고 정의하는 편이 오히려 나을 것입니다.

병원의 목적이 사람과 생명에 있지 의료기술 자체에 있는 건
아니잖아요?

사람을 위해 의술이 필요한 거지, 의술을 빛내기 위해 환자
가 필요한 건 아니니까요.

주객을 전도해서는 안 되겠죠.

제 주인이 자신의 의술을 자랑하려고 환자를 모집하는 일
은 있을 수 없죠. 오랫동안 환자를 돌보다 보니 자연히 임상
경험이 쌓이고, 거기에 히포크라테스의 정신을 더해서 자랑
스러운 의술을 완성할 수 있는 것입니다.

병원이 아닌 일반 기업들의 지속성을 보면 그 수명이 평균
약 30년이라는 말을 들은 적이 있습니다(미국 500대 기업은 평
균 40년, 일본 100대 기업은 평균 30년, 한국 50대 기업은 평균
23.8년. 상위기업의 결과이며, 총평균은 한국의 경우 10년). 그 이
후에는 사라졌습니다. 이들 중에는 위대했다고 평가받는 곳
도 있고, 그렇지 않은 곳도 있을 겁니다.

그러나 한때 위대했다고 한들 그것을 전할 수 있는 맥이 끊
어졌다면 더 이상 위대하다고 말하기는 어려울 것입니다.

‘위대한 가문’이라고 평가받는 곳이 몇 군데 있습니다. 그리고 이들에게 이어져오는 정신이 있는데, 그게 바로 ‘전통’입니다. 단지 시간의 역사만으로 전통이 되는 건 아니죠.

‘나눔’을 전통으로 물려주고 있는 가문도 있습니다.

전통은 그것을 이루어 온 역사가 있을 때 전통이라고 할 수 있습니다. 짧은 시간에 이루어낸 것을 성급하게 전통이라고 판단하면 안 되는 겁니다.

훌륭한 의술을 이루어내기 위해서는 숱하게 많은 시간들이 이어져와야 합니다. 병원이 위대해지려면 최소한 ‘역사’라고 말할 수 있는 시간이 있어야 하고, 그 위에 세운 훌륭한 전통이 있어야 하죠. 단순히 유행을 타는 것이 아니라, 병원의 유전자 속에 바꿀 수 없는 존재로 자리매김하고 있는가 하는 것입니다.

이렇듯 위대한 병원은 훌륭한 정신으로 물려주어야 할 전통이 있어야 합니다.

지금 우리의 병원에는 어떤 전통이 있을까요?

위대함을 위한 자격을
갖추어야 한다

휴머니티란, 인간을 목적에 희생시키지 않는 것이다.
_알베르트 슈바이처

저는 지난 1년여의 시간 동안, 위대한 병원이란 무엇인가를 계속 고민하고, 찾아보고자 했습니다. 그런데 아직까지도 한마디로 완벽한 결론을 내기는 좀 어렵네요. 각 병원이 가진 특수성을 염두에 두니 쉽게 결론짓기가 어려웠던 거죠.

그래서 반대의 방법으로 찾아보기로 했습니다. 즉, 위대한 병원의 자격을 정의하기가 어렵다면, 반대로 위대한 병원이 될 수 없는 조건을 찾아보고, 그것을 버리면 된다고 생각한 거죠.

그중 가장 중요한 요소가 바로 사람들에게 불량스러운 병원입니다. 불량스럽다는 말은 부정직, 부도덕, 불합리, 불친절, 무시, 알고도 모른 척 등이 포함된 말이라고 보시면 됩니다.

아무리 의술로 유명하다 해도 불량스런 병원은 위대한 병원이 될 수는 없습니다.

이것은 소위 요즘 말로 '스펙(spec)은 정말 좋은데, 인간성이 나쁜 사람'입니다. 우리는 이런 사람을 위대한 사람이라고 말하지 않습니다. 오히려 '나쁜 사람'이라고 하죠. '그 정도 능력을 가졌으면 그에 걸맞게 인간성도 갖춰야지, 그렇지 않다면 그 능력도 인정해줄 수 없다'는, 인간성 중심적 사고에서 나온 평가 같습니다.

그러나 병원에 있어서는 이런 병원을 나쁜 병원이라고까지 하지는 않습니다. '그래도 잘 고치는 병원이야'라고 한마디씩 칭찬을 담습니다. 얼마나 좋은 일입니까? 그래도 훌륭한 의술이 있기 때문이 아니겠습니까?

누구나 자신이 속한 병원의 의술에 더욱 완벽함을 갖추고 싶어합니다. 그리고 우리의 병원을 더욱 완벽한 성공으로 이끌고 싶어하죠.

그렇다면 '위대한 병원성'(위대한 인간성과 비슷한)을 함께 키워야 할 것입니다. 그래야 비로소 위대한 의술이 완벽해질 수 있고, 병원이 존경받는 위치에 오를 것입니다.

그래서 위대한 병원이란 일차적으로 '정직한 휴머니즘'을 가진 병원이라고 정의해야 할 것 같습니다. '모든 병원과 의술이 추구하고 있는 휴머니즘이 항상 그 중심에 있으되, 그 모습은 정직해야 한다'는 것입니다.

위대한 병원의 자격, 정직한 휴머니즘이 답이다

'위대한 병원이냐? 아니면 단순히 잘되는 병원이냐?'는 태도에서 갈라지는 것 같습니다.

능력을 구성하는 3요소인 지식(knowledge), 기술(skill), 태도(attitude) 중에 병원은 기본적으로 지식과 기술로 충분히 무장되어 있습니다. 마지막 태도 부문은 평생에 걸쳐 이루어져야 하는데, 아쉽게도 병원 현장에서 조금은 소외되고 있습니다.

병원의 현직 근무자들에게도 5% 정도만이 교육에 적용된다고 하더군요.

지식(knowledge)과 기술(skill)의 두 가지 요소만으로 잘되는 병원은 될 수 있을 것입니다. 하지만 여기에 태도(attitude)를 보태야 진정 좋은 병원입니다.

위대한 병원은 여기에 더 깊이 있는 태도가 필요합니다. 바로, '변하지 않는 올바른 태도'가 있어야 하는데 이것이 '정직한 태도'입니다.

왜 이것이 정직한 태도인가 하면, 거짓은 오래가지 못하기 때문입니다. 오래가지 못한다는 건 위대한 전통의 기반이 없다는 뜻이고, 유행에 편승하는 태도는 위대함을 만들어낼 수 없습니다.

왜 정직함이 보태어져야 하는지 살펴보겠습니다.

지금 우리 주변에 있는 많은 병원들이 휴머니즘을 실천하고 있습니까? 당연히 그렇다고 말할 것입니다('솔직히 우리는 실천하지 않는다'고 말하는 병원도 있습니다).

그러나 혼자서 아무리 휴머니즘을 외치고 실천하고 있어봐야 아무 소용이 없을지도 모릅니다. 이들이 말하는 휴머니즘은 진정한 의미의 휴머니즘이 아닐 수 있으니까요.

한 가지 예를 들면, 평소 자신의 병원에서 행한 모든 의술과 의료 행위에 휴머니즘을 담았다고 당당히 말하는 사람의 휴머니즘은 자신이 발휘하고 싶은 사람에게만 또는 그러고 싶은 분야에서만 발휘되었을 가능성이 있습니다. 그것은 병원을 찾는 사람들이 느끼고 알고 있을 것입니다. 지금쯤 '정직하지 못하네. 부도덕한 곳이네'라고 말하고 있을지도 모르죠.

이런 병원의 휴머니즘은 차별하는 휴머니즘이었을 공산이 큽니다. 제가 그동안 찾아온, 위대한 병원을 향한 모든 필수 요인들에도 반드시 이 정직함이 있어야 합니다.

당당하게 '우리의 휴머니즘은 순수하며 누구에게나 정직하게 행해진다'라고 자신 있게 말할 수 있다면 정직한 휴머니즘이라고 발할 수 있을 것입니다. 이걸 정직함이라고 말할 수 있는 건 이런 외침이 자신에 대한 정직함을 먼저 요구하기 때문입니다.

위대함을 향한
도전이 있어야 한다

오늘 나온 〈병원원보〉 가을호에 원장님의 당부 말씀이 담겼습니다. '위대함을 향한 도전'이라는 제목이 눈에 확 띄었습니다.

글은 '병원 가족 여러분, 위대함을 향해 도전하세요'로 시작되었습니다. 말씀 내용을 요약해 보니 크게 세 가지로 정리가 되었습니다.

첫째는 '다른 병원의 롤모델로서의 위치에 도전하라'는 것이었습니다. 롤모델이라면 귀감이 되는 모습을 갖춰야 하지 않겠습니까? 귀감이 되어야 한다고 생각하면 절대 함부로 행동할 수 없다는 말이고, 작은 것 하나를 실천해도 올바르게 행하고자 하는 마음을 잡을 수 있을 거라는 얘기입니다.

의술이나 경영 또는 어떤 분야건 그 규모에 연연하지 말고 작은 것 하나라도 귀감이 되자는 말씀이었습니다.

"수술만 잘해서 내보내면 그만이라고 생각하는 곳은 위대하지 않다. 환자는 수술대 위에서 다루어진 한 마리의 짐승이었나? 그런 생각으로 치료하고 수술하지는 않았을 것 아닌가? 그러나 생각과 다르게 실제 현장의 모습이 의술의 위대함에 어긋나지는 않았는지를 생각해보자."

둘째는 '위대한 병원이 가져야 할 다섯 가지 요소의 완성에 도전하라'는 것이었습니다. 원장님은 '정성, 신뢰, 소통, 존중, 나눔'이라는 다섯 가지를 위대함으로 가는 요소로 꼽으면서, 이것을 우리 병원에서 완벽하게 이루어보자고 말씀하셨습니다. 이런 것들은 하루아침에 이루어지지 않기 때문에 도전의 가치가 충분히 있다는 말씀입니다.

"환자가 끊임없이 찾아오는가? 그렇다면 그게 위대한 병원인가? 환자들이 정말 만족하고 감동해서 오고 있는 것인가? 환자도 생명 앞에서는 자신을 희생한다. 항상 감동해서 오는 것이라고 착각하지 말자.”

셋째는 ‘위대한 사람이 가졌던 위대한 정신을 영원히 이어가는 데 도전하자’는 것이었습니다. 이 부분은 숙제로 남겨주셨습니다. 위대하다고 인정받은 사람을 스스로 찾아서 앞으로 계속 그 정신의 발자취를 따라가보고, 결국 정말 위대했다고 판단할 수 있다면 그때 우리 스스로의 모습을 살펴보라고 말씀해주셨습니다.

저는 그때쯤 어떤 모습으로 여러분들을 다시 만나게 될까요?

"글을 쓰면서 지혜를 얻다"

글을 쓰는 것이 무척 즐거울 때도 있지만 두려울 때도 있다. 가볍게 나 자신의 마음을 정리하고 싶을 때, 일기 쓰듯 글을 쓸 때는 마지막 마침표를 찍고 나면 가슴이 후련해진다. 어딘가에 혹은 누군가에게 실컷 하소연하고 마음을 정리한 느낌이다. 정신건강에 참 좋은 경우다.

또 한 가지, 누군가가 내가 쓴 글을 읽고 영향을 받을 것이라고 여기게 될 경우에는 상당히 조심스러울 수밖에 없다. 처음부터 고뇌하게 만들고, 결국에는 하나둘씩 흰 머리카락을 남긴다. 마칠 때까지 글 내용들이 계속 뇌리에서 떠나지 않다 보니 다른 일을 할 수 없게 만들기도 한다. 이건 정신건강에는 크게 좋지는 않다.

그러나 한 줄의 글이 두 줄이 되고, 한 페이지가 두 페이지가 되면서 나에게 지혜가 쌓여가는 것을 느끼게 된다. 새로운 지식을 갖게 되기도 하지만, 논문을 쓰는 것이 아니니 그보다는 세상을 보는 눈이 넓어지고 지혜가 생김을 느끼게 된다.

다른 사람들은 이미 갖고 있던 지식과 지혜를 풀어놓고 전파하기 위해 글을 쓸지도 모르겠지만, 나는 부족한 점도 많은 사람이라 오히려 글을 쓰고 책을 내면서 세상에 대한 또 다른 눈을 뜨고, 거기서 깨달음의 기회를 갖게 된다.

이 책을 쓰면서도 그런 기회를 가질 수 있었다. 결국에는 내가 그런 기회를 가질 수 있었던 것도 주변에 있는 '좋은 사람'들 덕분이다.

책을 쓰는 데 도움을 주고 협조해주신, 주변의 많은 훌륭한 분들이 나에게 지혜의 힘을 나누어주었다고 해도 과언이 아니다.

그분들 중에 신원한 前 순천향대학교 부천원장님과 정희원 現 서울대학교원장님께 감사드린다. 이 두 분은 내가 병원에 대해 좋은 영감을 가질 수 있도록 큰 도움을 주셨다. 그동안 일일이 감사의 말씀을 전하지 못해서 송구할 따름이다.

그리고 지난 10여 년간 내가 만났던 수백 개의 병원들에게 지면을 빌어 감사를 드린다. 일일이 나열하지 못해 죄송하다. 나누리병원, 대항병원, 동서한방병원, 베스티안병원, 신촌연세병원(가나다 순) 등 여러 병원과 원장님들께 특별히 감사드린다. 이번 책이 나오는 데 추가적으로 시간을 할애해 많은 협조를 해주셨다.

가족들에게는 늘 그래왔듯이 이번에도 역시 책 내용 속에 실명을 넣어서 고마움을 표시했다.

"앞으로도 집필의 고통을 함께 나누어 주길 부탁해요!"

주제가 어려워 자칫 무겁게 느껴질 것 같아 전개방식은 되도록 쉽게 했다. 쉽게 풀어 쓴다고 했으나 내 마음은 결코 가볍지 않았다고 말씀드리고 싶다.

_ 2011년 2월, 서자 조현